U0000190

收納盒的N+1種整理術

二寶媽療癒系之變態收納——著

二寶媽選物

歡迎加入二寶媽的
變態收納的世界!

前言　收納就是——

把生活隨時調整成最適合自己的樣子。

「你心中最棒的家，是什麼樣子？」

或許我們應該問的是：「你想要的理想生活，是什麼模樣？」

一提到收納，許多人是抱怨連連或搖頭嘆氣，好像越努力去學習五花八門的收納心法，越是一個頭兩個大。那些收納技法說在專家達人的口中都很合理，但卻難以適用在自己家裡，看來看去就是有種東施效顰的不協調感，或是收納起來之後東西找不到、用完也放不回去，整齊的假象只是曇花一現……，生活只得在各種「將就」之中度過。

對我而言，收納的起點是一股對於「夢想之家」的嚮往；而對於家的想像，始於一本我媽媽珍藏的歐美裝潢書。那本精裝書有著精美的彩色圖片，主題式介紹不同的空間裝潢布置。不知為何，當時還

是小學生的我閒來無事就喜歡翻閱那本書，研究不同住居空間中的家具電器等奇妙機關，想像著自己未來的家。只是，每次回過神看到現實生活中的家，就覺得那終究只是遙不可及的幻想。

其實小時候家裡也收得十分整齊，我媽媽對於家具及配件的選用算是講究派，許多收納觀念都是我媽媽從小就傳遞給我的（看來收納偏執狂因子早已深植在我的 DNA 中），只是在細節上終究缺乏一致性，整體空間跟我心中「美的境界」還是有些落差。直到大學某個暑假，我到美國表姊家住了二週，簡直是大開眼界！表姊家不只是整潔而已，她還懂得利用手工織品和軟件的巧妙搭配，小至盥洗用品、大至沙發桌椅，空間整體呈現一系列和諧的鄉村風，根本就是小時候那本裝潢書中的場景啊！再加上表姊對於家務處理的邏輯和效率也很有一套，讓我見識到原來如樣品屋般的漂亮場景其實可以融入日常瑣事，人是真的能夠生活起居在其中。當時我在心中暗下決定：以後我的家一定要很美、很漂亮。

　　求學時期礙於空間受限和經濟能力，只能小幅度的簡單收納；結婚買房之際雖然曾針對房子格局做出許多規劃設計，但之後大寶和餓寶接連出生，那段重心全以孩子為主的育兒黑暗期，在收納方面也只能諸多退讓妥協。直到這幾年孩子脫離半獸人狀態，我逐漸有餘裕多花一些心思在收納管理上，這才發現，原來之前處於折衷狀態的自己其實一直是在「忍耐」，等到解放自己一頭栽入收納的世界後，我再也回不去了！十年來不斷滾動式修正，一點一滴改造，終於慢慢把家中各角落調整成理想的模樣，回應了小時候的夢想。

　　其實不需要去複刻什麼無印風、北歐風或工業風，把別人家的風格硬是套在自己家裡。許多人花大錢裝潢房子，卻只有設計完工那一刻漂亮，隨著時間過去、人進去生活之後，整個空間就會慢慢變得四不像，那是因為設計師幫你做的模板設計，跟你自

身實際的生活風格並不相容，兩相衝除之下必然會產生混亂的結果。所謂風格，是人去生活出來的！

　　收納並不是一種靜止狀態，把東西通通收起來看不到就沒事了；收納是一個不斷變化的靈活動態，將物品收置起來是為了更方便日後取用。在我的〈二寶媽療癒系之變態收納〉粉絲團上經常有人反映：「二寶媽的收納簡直變態，但是看起來卻莫名舒壓！」我想，所謂的二寶媽式收納，其實可以精煉為「內外兼具」這個關鍵字。把物品收納整齊並不難、整理得有功能性也不難，不過，除了追求效率和實用性之外，我堅持必須兼具視覺上「美」的極致境界。而這個「美」，其實正是療癒人心的關鍵所在。

　身為家有二寶的職業婦女，經常覺得一天 24 小時實在不夠用，我熱愛收納，也是因為透過收納這個行動，可以把生活隨時調整成最適合自己的樣子。這本書的誕生，其實也算是我心靈上的收納行動吧！把一路走來奉行的最高原則和收納心法梳理出來，希望藉由這本書，陪伴各位找到收納的樂趣，在有限的時間之內走捷徑達到最大成果，為日常增添一些療癒風景，日子過得更加自在、暢快。

01

所有的東西，都可以用「檔案盒」來整理！

市面上有許多花俏流行的收納用品，乍看之下或許漂亮，但其實只會讓家裡顯得更亂而已。從客廳到臥室、從冰箱到衣櫃，我最愛以色彩樸素、形狀方正的「檔案盒」來做收納。

設計簡潔的檔案盒，用途最廣泛

在各式收納盒中，最具代表性的就是無印良品的檔案盒。什麼是「檔案盒」？簡單來說，就是方形的收納盒，高度有高有低，也有平口或斜口之分。其實每個品牌都有相似產品，只是各有不同名稱，例如文件夾、儲物盒或整理盒等。

最近幾年收納議題變得很熱門，各種收納用品的發展和類別也越分越細，開發出不同用途或物品的專用收納。其實這些變化商品的原型（原始的雛形構想），就是類似無印良品的檔案盒概念，可能只是多了弧形、開口或把手等，就變成「〇〇專用」的收納盒了。也許感覺很方便，但相對地用途也被侷限住，只能對某件物品專情的從一而終，不能隨時轉換跑道，一旦原本收納的物品壞掉或更換款式，專用收納盒就無用武之地了。

在成為變態收納狂的一路上，實在看過太多盒子，也發揮神農嚐百草的精神實際使用過各種款式。我得出一個結論，**大部分具有特殊用途或單一功能的盒子（例如鍋蓋架、餐具收納盒），幾乎都可以用無印良品的檔案盒來取代。**

其實樣式越簡單、越平整、越沒有邊邊角角的盒子，越是能夠廣泛應用。守備範圍超廣！與其蒐集五花八門的專用收納盒最後讓自己崩潰，基本款才是收納狂最忠實的好夥伴。

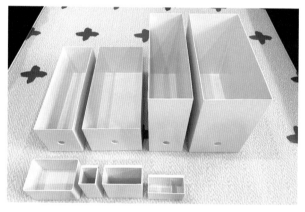

我的愛用檔案盒。我很少使用針對特定物品設計的專用收納盒，
習慣以萬物通用的檔案盒來收納各式物品。

檔案盒其實很好用！

◆ 色系單一（視覺不雜亂），配置運用彈性大，
　靈活運用在各個空間。

◆ 從廚房、臥房到廁所都可以用，只要運用得
　當，並不會有任何違和感。

◆ 在配置上可以做出各種嘗試，可平面排列，
　也可垂直堆疊。

怎麼找到「對」的收納用品？
二寶媽的選物原則

　朋友們很喜歡找我一起去逛無印良品，他們常問我「這個盒子可以幹嘛？」或是「我的○○○要用哪個盒子來裝才好？」，看著貨架上的收納盒琳瑯滿目，我耳邊卻不時傳來朋友的抱怨：「沒有妳，我完全不知道這些盒子有什麼作用！」

　　這才發現，多數人在選購收納用品時其實毫無頭緒，眼睛看著收納盒才在想要裝什麼，還有想收納碗筷就只會到餐具區找、想整理衣物就找衣櫃區，只要當下沒有看起來合適的商品就放棄思考，或是隨意買個應該堪用的收納盒，結果回家一用根本牛頭不對馬嘴，最後的下場可能是自暴自棄乾脆不收，或是鄙視用收納盒來整理空間只是畫蛇添足很難用……。

　　之所以會有這個問題，原因在於**大腦中缺少了畫面的想像**。有人可能會反駁說「可是我就天生沒有想像力啊！」修但幾咧！進行收納規劃時，你所需要的想像力不用靠天賦異稟，而是靠**觀察**和**實做**。該怎麼做才對？其實是有訣竅的，讓我們繼續看下去。

我的收納最高宗旨——必須「內外兼具」

首先,即使是收納用品,它們的作用可不能只是收納而已,除了功能性要強,外在也必須同時符合我的高審美標準。對我而言,任何出現在家中的東西,不能只是好用或好看而已!在手滑結帳之前,我必定都會想像一下它們出現在家裡的樣子,必須同時達到「好用又好看」的境界。這就是〈二寶媽療癒系之變態收納〉粉絲團一向堅持的最高宗旨「**內外兼具**」——不只收得整齊、具備功能性,還要很美才及格!

天生就對「盒子」很感興趣的我,熱愛研究各種盒子的結構和設計細節。事實上,我通常不太注意商品名,而是只專注於它的「特質」(內在美)及「外觀」(外在美),選出符合「內外兼具」標準的好物。那麼,到底如何挑選好用、具功能性的收納用品?

其實盒子本身就會透露出非常多的細節，只是通常人們很容易忽略那些訊息，在規劃和添購收納用品時，我會「用心」去解讀物品本身釋放出來的訊息，只要掌握以下五大原則，基本上就不太容易出錯。各位胎胎們跟著做，不用揮汗練功七七四十九天，馬上就可以在收納的花花世界裡豁然開朗！

收得整齊並不難，但是我想追求更高的境界──內外兼具的收納，創造出療癒人心的賞心悅目空間。

Point 1 外型風格是否一致？

收納用品的外型重要嗎？問我？當然重要啊！雖說什麼風格才是美，看法或許見仁見智，但「一致性」是我蠻堅持的原則（畢竟我得了一種不把東西一致化會渾身不舒服的病，看到缺乏一致性的畫面，我的眼睛會痛啦），可以從三個面向來談。

‧ 色系

我個人偏好「白色系」，看到一整片白刷刷就心情好。就算大家不是像我追求白色的話，建議選「單色」，千萬不要花花綠綠或是不知名的卡通圖案。

如果是本身設計感強烈或顏色繽紛的東西（例如不同色塊拼接），不要把這些設計感強烈的東西擺在一起，反而會四不像。以大片樸素的背景作為前提，周遭環境必須相對樸素，才能襯托出跳色、突顯某個設計的精妙之處。

　　規劃空間配色時，自己必須先釐清要呈現的重點，區分出主角跟配角的差別，視覺重點不能有太多個，一個空間就只抓出一到兩個重點，整體畫面才能協調。

我的廚房牆面是繽紛的馬賽克磚，收納用品則偏愛白色系，一字排開在視覺上清爽舒服，看了心情好。

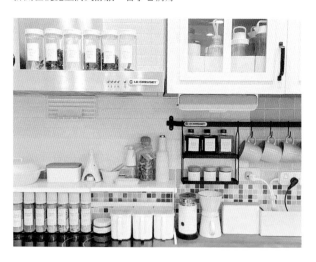

‧ 材質

我很少選用紙質的收納用品，因為臺灣氣候潮濕，容易發霉或軟化，幾年就要換一次，實在不耐用。織品系的收納用品，除了潮濕發霉問題、不好清潔之外，加上材質軟、不規則形狀，我本身比較不喜歡。個人偏好硬挺的材質，例如塑膠、木製品、鐵件烤漆等，非常耐用、好保養，出現在我家的收納用品大概都是這些材質為主。至於不鏽鋼製品，由於臺灣水質的石灰質較多，容易有水垢堆積，保養起來很費工，再加上金屬外表給人冰冷的感覺，我個人也是相對少用。

雖然我很常用塑膠材質的收納用品，但是我也主張追求「自然」及「真實」，不喜歡仿質製品，因為每種素材有它獨特的觸感。如果某個區域你想要有木紋，就選用木頭製品，不要用塑膠假木紋；如果喜歡編織感，就去找真正的藤編品吧！畢竟真實素材的溫潤質感無可取代，雖然在保養上會需要費

心一點。例如，我的流理臺面材質是木頭，只要一有水滴，我必定「立即、馬上」就順手擦乾，料理區則是不鏽鋼板，用來處理蔬菜水果，為了避免水垢殘留，一使用完畢也是馬上擦乾。

另外，考量到收納用品的用途，尤其是會直接碰觸到食物或清潔用品的情況，必須特別注意容器材質的適用範圍，以及耐冷度、耐熱度或耐酸性等條件，才能在收納時兼顧安全性，這是非常重要的一點。

・形狀

在看盒子的外型時，我偏好方正，所以第一個會研究的地方就是「角」，其實我個人比較偏好「方角」，不愛太明顯內縮的圓角，因為尺寸是有縮減的，空間上邊邊角角的地方會被浪費掉，還有，將盒子一列排開時的視覺上有斷裂感，凹凸凹凸的感覺，個人主觀喜好上也不是很喜歡。

　　此外，有沒有多餘的弧度、不需要的線條？波浪邊線、翹起來、鏤空、彎一下……，這些外型上的變化設計，很多時候都只是為了造型而造型，不是經過思考過、具備功能性的造型，這些多餘構造不只影響到盒子本身的收納量，也特別容易堆積灰塵，日後的清潔負擔會很大。

家中大人小孩用的水壺、保溫瓶，五花八門，只要使用外型方正的檔案盒來收納，馬上通通立正站好，圓孔設計好拉取。不得不說 MUJI 直立式檔案盒真的很萬用！

#MUJI 無印良品・聚丙烯檔案盒・標準型 1/2

Point 2 〉**尺寸對了嗎？**

在進行收納規劃時，絕對不可以憑感覺，一定是憑尺寸！尺寸不能大致就好，要做到精準。因為尺寸關係到東西可否收得漂亮、在大空間裡能否擺得進去、可以放多少數量？還有整體格局如何安排，東西要直的擺、還是橫的擺？

怎麼知道尺寸？當然要經過丈量，別人說的、記憶中的都不準確，自己實際量過才準確！丈量時，注意空間內有沒有螺絲、鉸鏈或任何突出的物品，要記得扣掉寬度；若是內崁式的門片，也要記得扣掉門片厚度。

至於丈量工具，一般可用捲尺（注意捲尺最前端要貼緊測量物的底部），現在我是使用紅外線測距儀，操作上更方便，例如櫃子比較深、手不容易伸進去的時候，都可以輕鬆測距。

先有了尺寸，才得以著手規劃收納的配置。舉個

例子，我的廚房有三個抽屜，其中一個我拿來收納小型餐具，像是筷子、湯匙、叉子等。在規劃配置時，我會先檢視到底有哪些東西需要收納，包含東西的數量和本身的尺寸，例如最長的料理夾有多長？飯匙有多寬？最短的咖啡匙是幾公分？

接著，我會把抽屜的長・寬・高都量出來（很多人會忘記要量高度！），拿一張紙，把尺寸都記下來。我的紀錄方式是直接畫出空間圖，長寬高都畫出相應的比例，只寫數字的話比較抽象，我習慣以圖像式思考來布局收納規劃。

同時，我會用同一張圖來思考收納盒的配置。由於長年下來我對無印良品的收納盒產品已經有一定程度的了解，腦中都有相應的尺寸（如果比較陌生的人，可以在無印良品的官網上查詢，商品頁都有詳細尺寸資訊），就直接畫一畫看該怎麼排列組合較適當，即使有時候沒有真的畫出來，我的腦中也

一定會有模擬畫面。我必定先在腦子裡沙盤推演過幾次，統計出需要的收納盒數量，最後才會付諸行動去買，避免尺寸不合的狀況發生。

先清點一下，自己到底有那些東西？掌握物品的數量及尺寸、收納空間的長寬高，才能規劃出精準又有效率的配置。

MUJI 無印良品 PP 檔案盒用小物盒 #PP 檔案盒用筆盒 #PP 整理盒

Point 3 〉是否具備「相容性」？

　　我經常強調，收納用品的設計是否具備「相容性」非常重要，到底什麼是「相容性」呢？好的設計在尺寸安排上是具備邏輯性的，提供消費者在使用及組合上的彈性及便利性。舉個例子，無印良品的各式收納盒，在尺寸規格的設計上簡直可以說是模範生（也是眾品牌爭相學習或致敬的對象），一定是先設計好一個全高尺寸，並依這個尺寸再設計一半高度（或面積）、四分之一高度（或面積）的尺寸。

　　這樣具備邏輯的規格設計，會讓我們在規劃收納空間時非常好安排，無論是平面排列或垂直堆疊時，都可以做出整體性、一致性的感覺，幫助你讓空間最大化的利用，這就是我所謂的「相容性」。

　　我自己有個習慣，在挑選東西時，大腦中會同步進行「數字－圖像－空間」的轉換。如果在網頁上只看物品長多少、寬多少公分，腦子裡卻沒有相應

畫面的話，數字對你來說是沒有意義的，根本不知道那代表什麼意思。一旦建立起把物品尺寸數字圖像化的習慣，你就會發現：「啊！其實 A 盒就是 B 盒的一半寬、C 盒是 A 盒的一半高嘛，原來如此！」這樣在做下一步的空間安排時，就會很有效率、舉一反三。

其實市面上大多數的收納用品，在規格上的設計並不是這樣具有邏輯，可能只是隨意區分大中小，彼此的尺寸上並不是絕對比例，每個盒子都是單一個體、互不相關，所以才會發生很難去做平面排列或垂直堆疊的狀況（例如並列時看起來忽大忽小或是堆疊時容易滑動），造成空間上的浪費和凌亂感。

無印良品的收納用品，在尺寸規格的設計上可說是「相容性」的
模範生，不管是平面排列或是垂直堆疊都非常好安排。

Point 4 可以持續擴充嗎？

現在網路上到處都有勸敗文四處生火，家中可能會因為新增成員、養成新興趣、生活習慣轉變而無限增生各種用品（例如，突然愛上自己沖咖啡、開始進行自煮生活等），或許原本三個收納盒就足夠，但可能一年、兩年後你需要更多的收納盒時，卻已經找不到原本的賣家或停止生產了……是不是會讓人想翻桌！

關於收納用品，強烈建議避免去買太特別、太流行性的品項，還有來路不明的品牌或國外代購也盡量避免，因為容易發生斷貨、買不到、難以擴充延續的狀況。此時，你必須再找別的東西來取代：一來實在麻煩，二來視覺上不統一。另外找來補充的新收納用品，設計邏輯基本上不會跟原本的用品相同，在收納時容易出現畸零空間，看起來就變得凌亂了。

其實我也很愛用 IKEA，喜歡去挖寶，但是後來發現 IKEA 的特色就是每年都會推陳出新，顏色或尺寸上經常有一些改版小調整或直接斷貨（也才有大家都愛去搶的絕版出清拍賣），這是它在擴充上比較需要留意的地方。

愛用的 IKEA 斷貨品。

Point 5 > **不要被名稱侷限！**

你聽過有人把化妝盒放在冰箱裡、把檔案盒用來裝拖鞋嗎？竟然還把一排垃圾桶放在抽屜裡？對，就是我啦！

到底是誰說檔案盒只能放在書房中整理文件、化妝盒就只限於出現在梳妝臺上的？拜託，各位胎胎的腦波被控制了嗎？

前面介紹了這麼多選品法則，最後一個**貫穿所有法則的中心思想就是「不要被名稱侷限」**。請專注於自己的收納需求上，放下所有成見和固有觀念，去找條件符合的收納用品，可以看外表、看尺寸、看材質……，但就是**千萬不要看名稱！**（好多人一看了商品名稱就像是被下降頭一樣，再也無法獨立思考了……）只要頓悟這個奧義，等於是打通收納的任督二脈，保證怎麼收都無往不利，而且還能收得有創意又超美。

大家看著照片猜猜看，照片中下方那一排有蓋子的白色盒子是什麼？裡面收著啥米東西？

登愣，它是無印良品的**桌上型迷你垃圾桶**，我用來收納飯糰模型！在整理這個抽屜時，我想著怎麼樣才能收得好看？例如做飯糰的模型，它們彩度很高、一組一組的形狀和規格也 都不一樣，原本我是用開放式的收納盒來裝，但是每次一打開抽屜，就會覺得整個畫面顯得很亂。

後來我希望改用有蓋子的盒子，但是如果蓋子不好打開，例如需要使用兩手才能開、蓋盒分離的話，就又太麻煩了，會讓人不想使用裡面的道具。某天我突發奇想，咦？無印良品的桌上型迷你垃圾桶，不僅蓋子設計得非常好，蓋起來完全服貼又輕薄，只要一根手指不必施力就能打開，也不是分離式的蓋子，超級好用！完全就是我要的！

· 料理道具收納

·料理道具收納

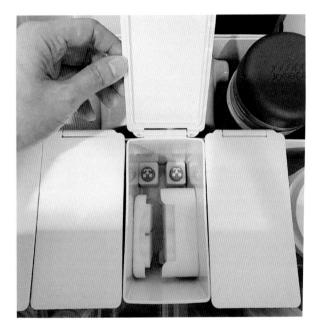

用來收納料理道具的大抽屜，檔案盒無所不在！

#MUJI 無印良品・PP 垃圾桶・方型・迷你

　　應該有不少胎胎跟我一樣，有一整個抽屜的彩妝小樣品、小贈品吧？平常少用但丟之可惜，一遇到購物節週年慶又無限增生，整理起來應該讓很多人覺得超頭痛吧？我也曾經試過把小樣品放在夾鏈袋中分類收好，但是從此我就忘了它們的存在！後來我發現**韓國冰箱收納分格盒**用來裝這些小東西剛剛好，深度夠、寬度窄，於是改成這樣一格一格來收納，每格內就是一個種類或一個品牌，隨便瞄一眼就可以清點還剩多少庫存，這就是我的庫存管理法。

　　右邊放面膜的長型盒子，是我在網路上買的另一個系列整理盒。收納規劃其實就是「空間配置」，有點類似玩積木或拼圖，我的重點是如何把空間利用最大化，喜歡嘗試把不同品牌、不同系列作搭配，所以一個畫面中的收納盒可能會來自不同品牌，只要掌握前述一致性的原則，看起來就好像是天生同一個系列，整個畫面很和諧。

‧彩妝小樣品收納

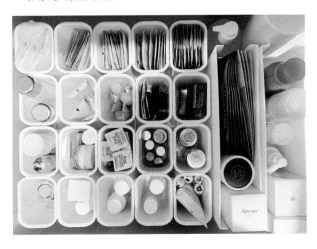

以冰箱收納盒來收彩妝小樣品，各項目一目瞭然，同步達到庫存管理。

左：冰箱收納分格盒‧購於韓國
右：日系廚房多功能收納盒（購於淘寶）‧整理盒

　　我在整理衣物時，會根據需要收納的品項及數量，先把抽屜內的分隔配置好（一種超前部署的概念！）。

　　這個抽屜主要用來收襪子和圍巾，左邊的白色小方格其實就是韓國冰箱收納盒，小分格盒一格放一雙襪子剛好，特別薄或特別小的船型襪就收兩雙。右邊的長方形半透明盒是無印良品的化妝盒，整理冬天的厚襪、長襪和圍巾。

　　把這些盒子拿到抽屜裡收納襪子跟圍巾，根本完美組合！稍微摺一下，隨興放入盒子內，歸位時快速又整齊，找襪子時也一眼就能看到自己想要的花色，從此襪子們不再打架或失蹤。

　　來，跟著我再複習一遍——**永遠不要被名稱限制住**！擺脫所有的規則和自以為，不要被名稱或系列綁住，活用不同的系列或品牌商品，創造出最適合你家的樣子。

・襪子圍巾收納

衣櫃抽屜內的收納分隔配置，也是由不同的收納
盒拼起來。

 # 冰箱收納分格盒 #MUJI 無印良品・PP 化妝盒 1/4 橫型

想要剛剛好，不能只靠運氣

二寶媽心裡話

　　我的粉絲團上經常有人留言：「妳怎麼能夠買到這麼剛好？」就像前面說過的，我的東西一定要很美，但並不是只要美我就一定會買。我想要的東西，尺寸一定會規劃好，腦中先有藍圖，先設想這個東西在空間中會長出什麼樣子，最後才行動。

　　想要「剛剛好」，不能只碰運氣到賣場邊逛邊想，而是需要做功課（前置作業）。或許一開始會比較慢，但是只要實際操作過幾次，你腦中的資料庫越來越完整，速度也會變快。例如前文提到的廚房抽屜的規劃，因為我的前提已經很明確，就是要用無印良品的收納盒系列，加上我對產品也相對熟悉，一看到某個空間，就會掃描腦中的資料庫做比對，所以前後大概花不到半小時就完成規劃。

　　如果是大型空間、不熟悉收納安排，或是手邊可動用的預算不多的話，會多花一些時間，但成就感也會更大。例如十年前我剛搬進新家時，當初剛繳完頭期款，手邊的閒錢不多，我是分成短期、中長程來思考，如果是大型器具或不容易更換的骨幹，我選擇一次到位，像是電器設備、儲藏室層架等。如果層架隨便買個將就、不耐用的便宜貨，到時候要再換非常麻煩，所以我選 IKEA 比較堅固的 IVAR 木頭層架組。但是買完電器和家具之後就窮了，沒有多餘的錢再去買收納盒，於是我就拿免費的影印紙小紙箱來用，一整片牆都擺上影印紙箱（還是堅持要一致）。

　　直到這幾年，紙盒長灰塵了、劣化了，錢也存好了，我決定重新規劃儲藏室的內部配置，那是一個ㄇ字型空間，各邊的尺寸不同，還要扣掉層架本身的長寬高，複雜度非常高。我大概花費了二週的時間去規劃，而且反覆計算好多次，以防出錯。

　規劃好之後，去哪找收納盒？其實一開始我沒有去看無印良品，而是從最熟悉的 IKEA 開始找，我也有去各大網拍賣場逛逛（從網拍可以看到時下最流行的品牌和品項），不過通常會回到熟悉的品牌購買。最終，無印良品還是我的首選，主因就是它的穩定度，日後好擴充、不怕改版或斷貨。過去無印良品剛進臺灣時，價格不算平易近人，但這幾年商品價格下修不少，相對平價，還有很多折扣活動、會員日或週末限定優惠等，搭配折扣的話已經很好入手。

　我很少到店頭選品，因為覺得容易受到打擾、無法好好思考。我習慣在家裡做好收納規劃，畢竟家裡的空間再怎麼測量，都難免有疏漏的地方，在某個細節卡住或尺寸疑問時，人在家中就可以馬上確認。待在家裡，安安靜靜地畫著自己的空間圖，對我來說反而更有效率。如果是喜歡

到現場看收納用品的人，不妨記下自己喜歡的商品名稱，回頭在家裡再次確認收納空間是否合宜，再上網買或跑第二趟，現在的網路購物已經非常發達，商品資訊也很詳細，最好不要第一次看到喜歡的盒子就衝動購買下。

還有一個我經常被問的問題，就是：「二寶媽，我這樣收可以嗎？」其實沒有什麼做法是一定可以或一定不可以，只要你喜歡，只要你方便拿取，當然可以！因為收納，就是調整成最適合自己的樣子。

重新規劃ㄇ字型的儲藏室花費了我二週時間，需要反覆多次丈量尺寸及配置。最後選用方便擴充的無印良品收納盒，外面貼上標籤，好拿好收，看起來也清爽許多。

#MUJI 無印良品聚乙烯軟質收納盒

02

家的動線規劃 X 空間的療癒收納

一家人生活在開闊又明亮的空間，就是我心中的理想生活。其實人性很簡單，就是懶散（哈）。但是我們可以藉由格局規劃及收納配置，創造出符合人性的動線！好好收納，是為了輕鬆過日子。

什麼樣的格局，讓你成為什麼樣的大人

　　我家是傳統的鄉下販厝（三樓透天厝）。那是十幾年前買的預售屋，當時在鄉下蓋房子的建商，不管是在技術或觀念上都還很落伍。建商規劃的原始格局非常可怕，一樓被劃分成好幾個細小的空間，分隔成客廳、廚房、一個房間，以及傳統透天必備的樓梯下斜頂無窗戶廁所。這樣的格局，在視覺上是很狹窄的。

　　因為從小嚮往美國表姐家的開放式格局，在預售階段我就決定要變更格局。這是非常耗費心力的漫長過程（幸好那時候還年輕又沒有小孩，有著滿滿的精力和時間來做功課），很慶幸我遇到很厲害又合得來的設計師（這又是另一個漫長的故事），總之，在經歷無數次與設計師討論往返、跟建商不知道吵過幾百次架、努力跟長輩的意見溝通革命之後，終於打造出我想要的房子。

　　我家的一樓基本上是打通的，有客廳、開放式廚房，我和兩個女兒的書桌，其實就是個超大型的起居室，活動範圍很廣，在這邊活動也行、在那邊也行，不一定要窩在沙發電視區。整個空間也不是太大，各區域之間很容易流通，所以個人需要的東西就是分散在每個人的區域，需要時拿取，用完就放回自己的位置。

　　一般人之所以容易把東西堆在客廳沙發區周圍，大多是因為有隔間，空間被劃分成一間一間，行動的連貫性被切斷，一旦走出來就走不回去，東西只能隨手往旁邊一放，久了自然就亂。如果各區域之間有一道牆、要開個門才能走進去，我應該也懶得把東西拿回去放好吧，畢竟懶散是共通的人性啊！

　　不同的房子格局，造就出不同的生活動線，進而影響到人的生活樣貌，讓你長成什麼樣的大人。近期也蠻流行一種做法，在規劃收納時以人的動線作為第一

優先考量，隨手取得最方便的地方就是收納的好地方。不過我自己的做法是，藉由格局及收納的配置，創造出符合人性的動線，同時在方便及美觀之間取得平衡點。

全方位破解！順手感變態收納

為什麼每一個客廳裡都有「那張椅子？！」

不分四季，每個人的家裡，永遠都有一棵璀璨盎然的聖誕樹。

「哪有！我家又沒有特別在過聖誕節啊！」懷疑嗎？來，轉過頭去看一下，那張堆滿各式外套、帽子，兩側還掛著包包水壺的椅子，就是你家的聖誕樹啊！它還會隨著季節不同變換造型呢。

為什麼會出現那張「聖誕樹椅」？各位胎胎捫心自問，回到家之後的第一個動作是什麼？是不是隨手放下包包、脫下外套？這時候你們把東西放在哪裡？……就是「那張椅子」上啊！日積月累之下根本把半個衣櫃都掛在那邊了，客廳不亂才奇怪！

一回到家就很容易隨手一丟的各種物品，其實只要設置好它們的
落腳處，少了那張「聖誕樹椅」，整個客廳看起就很清爽。

二寶媽的收納眉角

為什麼這棵聖誕樹會長出來,還一天天茁壯?問題就在於:你沒有設置好暫放物品的位置,給它們一個家。

這個家要蓋在哪呢?這牽涉到所謂的「順手感」,其實就是在一進門的地方(或玄關附近)。第一步,開門時一定會用到鑰匙,接著當你踏入家門之後到坐入沙發之前,必須一氣呵成地完成各種物品卸下及歸位的動作(例如手機、包包、外套、購物袋……在疫情期間還多出口罩和消毒用品)。每個家的空間設計不同沒關係,只要準備出一個可以掛包包、掛衣服等物品的位置就可以。像我家,原本設定暫放物品的地方是客廳邊邊一塊小畸零走道空間,但是隨著二個女兒出生長大,每天會使用到的包包和外套不夠放了,收納區域也是不斷調整及擴增,只要把握第一章提到的收納大原則,再根據家裡的環境條件做調整即可。

　　就算熱愛收納如我，家裡偶爾還是會出現那棵聖誕樹，尤其是要換季不換季的時候，天氣一下冷一下熱，衣服要收也不是、不收也不是，就會出現那可怕的景象。我家大門一進來左手邊，原本是在牆上釘上一組 IKEA 收納小樹，設定要暫放小孩的外套和包包，但一直覺得順手感不太好，因為衣服會彼此堆疊，東西一多就必須翻找才能拿到想要的物品。

　　後來我換上一組新的衣帽架（網購的韓國商品，日本山崎也有類似款式），順手多了！傳統衣帽架大多是一棵樹的形狀，最後通常也會變成聖誕樹。這個款式可以直接上掛衣架、隨手要用的小包包，上層還可以掛大人的衣服，所有東西一目瞭然。

原先使用 IKEA 的牆面收納小樹，後來改成可掛式大型衣帽架。
在擺放衣帽架的位置時，我會各個角度轉向看看，有時候「轉個
方向，就會發現不一樣的風景」。

經常看到臉書社團上的朋友抱怨，造成家裡空間凌亂的最大原因，就是家人無法配合。其實只要提供一個「順手的收納空間」就可以解決問題，若收納配置符合人們的使用習慣（順手感），大家的配合度自然會相對提高。當然，每個人順手感可能都不太一樣，必須和家人討論並實際操作過後，才能取得共識。

在我家的情況是，每一個家人都有自己專屬的位置，基本上都會歸位。例如小孩，放學回到家，先在院子把鞋子脫下放好、進門之後先在門邊把外套掛好，接著書包歸位（放到自己的座位區）、打開餐袋把碗全部拿出來放水槽，最後是洗手，這就是她們回家的一連串步驟 SOP。

其實最容易亂放的是我尢，他的茶杯經常出現在令人意想不到的地方……，自己的小孩很好訓練，別人的兒子通常很難教啊（磨刀霍霍）。

▍室外鞋櫃區

　　外出穿的室外鞋，我是放在院子門邊。或許有些人追求的是最大收納量，鞋櫃越多越好，但我還是希望院子稍微留白，讓視覺上清爽乾淨，空間不夠的折衷方法是把東西分成「常用」與「不常用」，幾乎每天或每週都要穿的上班鞋、上課鞋、日常便鞋等，就放院子鞋櫃方便拿取；至於不常用的鞋子，例如參加喜宴或特殊場合才穿的功能鞋，就收到樓梯下方的置物櫃中，其實就是儲藏的概念，使用時才特別拿出來穿。

放在院子的室外鞋櫃區。

▌防疫工具區

收納是一種動態,當生活型態發生變化時,收納也會隨之改變。因應 2020 年翻天覆地的世界疫情,跟大家分享我家的防疫工具區。

· **口罩**:放在門邊容易順手拿取的地方,出門前準備一個放在包包裡,到密閉空間或人群密集的地方才戴上口罩。

· **抗菌消毒液**(酒精、二氧化氯或次氯酸水):利用霧化機跟噴霧做空間消毒,霧化機擺在門邊,外出回來時,先在門外使用抗菌液把自己噴過一次,進門後經過霧化機再加持一次,然後趕緊洗手(感覺像要進手術室一樣啊)。

· **臭氧機**:體積小,方便移動,可針對剛換下還未清洗的外套或房間消毒。

· **藍氧棒**:外出攜帶方便,隨做隨用抗菌液,消毒座位、餐具、手機!?只要清水就隨時隨地可以做,不擔心帶出門的消毒液不夠用。

這些給西（工具），我把它們分配在一進門玄關附近的位置，外
出與入門需要的消毒相關物品，在此都能方便取用。

　　每天回家時，可能還有尚不需要丟棄的口罩需要暫時收置，我家也順勢發展出口罩停等區，就設置在玄關大門上。我特地從日本找了磁吸式掛鉤，可以隨時移動位置，機動性強。同時不可免的一定要客製標籤，幫每個人的掛鉤就定位，以免哪個天兵腦袋不清楚拿到別人的口罩。一旁也掛上抗菌液噴霧，一回家就可以先用抗菌液將口罩消毒完成再掛起來，出門前也能從此區拿取二手或全新口罩。如此一條龍的服務有誰比我更貼心！

　　女兒外出時掛在身上的除菌筆，以前是收在書桌區，有時出門真的會忘了帶，又要脫鞋衝入家裡拿，實在麻煩。現在都可以在門口一次檢查：口罩帶了沒？除菌筆帶了沒？接著抗菌液全身噴一噴，一氣呵成！這就是我家的防疫工具區。

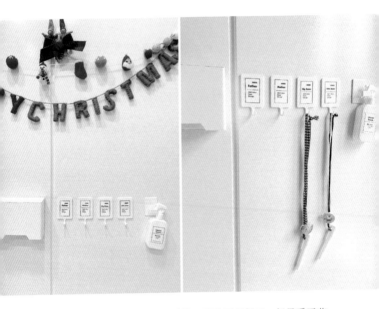

玄關大門上的口罩停等區。白花花一片的不是銀子，但是看了非常舒心。除了口罩、抗菌液之外，孩子每天出門要用的除菌筆也可以一起掛上。

口罩盒：日本山崎　# 噴霧瓶：韓國代購　# 標籤機：brother820

▌室內拖鞋區

　　室內拖鞋的收納，我是使用無印良品的檔案盒。就放大門邊的地上，一進門就會看到、可以馬上拿取的地方（動線上最直覺的地方）。

　　檔案盒的收納量其實很大，又能夠順手擺好，二種高度剛好很適合收納大人和小孩的室內拖鞋。不過還是有個小缺點，如果鞋子不夠多的話就無法直立式收納，鞋子容易倒下交疊在一起，不過既然鞋子不多，拿取時也不會是太大問題。

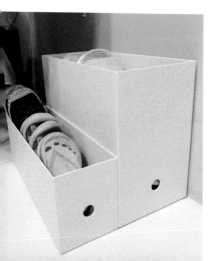

以檔案盒來收室內拖鞋，不佔空間，就算鞋子散亂在裡面也方便拿取。

#MUJI 無印良品
聚丙烯檔案盒・標準型 1/2
#MUJI 無印良品
聚丙烯檔案盒・標準型・寬・A4

▋鑰匙區

我家的鑰匙區大概是這樣規劃，能掛的就掛，不能掛的就用皮套保護好在放小籃子裡，因為我不能接受鑰匙糾結在一起打架。此區下方是一個薄型置物櫃，原本是設定要當鞋櫃，但是離門口有幾步之遙，雖然不遠，但實在不符合懶散的人性，所以改成收納各種與鞋子相關的工具或雜物，例如擦鞋布、鞋油、鞋刷等。

外出必備的零碎小東西，就用小籐籃裝起來，視覺上會顯得比較整齊。

▌日常外出包區

　　我家一樓有個畸零空間（每次講到這個神秘區域我就忍不住翻白眼），距離玄關不遠，我把它當作一個收納走道，主要用來收納日常外出包，分為「操勞區」和「我尢的」（關於包包收納，另外還有「珍愛區」和「少用區」的包包收在更衣間內，後文會再介紹）。

　　「操勞區」放每天要用的上班包和帶小孩出門時的吃吃喝喝概念包，我要攜帶零食的購物袋一樣用包包收納架放好，覺得一條龍太長的話也可以拆成兩排使用（反正就是依個人喜好隨便組合）。至於「我尢的」，男生的包反正就這樣嘛！不用多介紹了，嗯哼～

玄關附近的畸零空間作為日常外出包的收納處。

鑽牆掛鉤：10 多年前 IKEA 購入
包包收納架：日本山崎

▋沙發區的遙控器收納

　　我家沙發區其實只有三個位置，買家具時也曾經考慮過傳統的 1+2+3 沙發套組，但是當時設計師一句當頭棒喝：「這房子是你住，還是客人住？真的很常有客人來訪嗎？其實大型聚會一年也就兩三次，根本一年 360 天都沒有客人！買那麼多位置要幹嘛？」最後決定以機動性的家具為主（各種椅凳都可以），等到有客人時再靠到沙發區就好，避免太多佔空間的閒置沙發。在格局設計時，我刻意不要隔開客廳和廚房，整個一樓是打通的開放性空間，其實客人很容易聚集在餐桌上吃飯、喝茶聊天。

　　我家沙發區的東西不多，比較容易零散四落的就是各種遙控器，許多人會用 IKEA 的遙控器收納袋來整理（掛在沙發扶手上），其實使用無印良品檔案盒來收納也是不錯的方法。最常出沒在沙發區的是我尢，客廳茶几下比較多都是他的東西，自己的東西自己收，我會給他幾個盒子，讓他把東西分類整理裝進去，我就眼不見為淨了。

以檔案盒來收納大小不一的遙控器，避免四處散落。

#MUJI 無印良品

▌電視櫃 & DVD 收納櫃

　　我家平時不太看電視，視聽設備也不多，主要就是小孩看巧虎 DVD 之用，就收在電視櫃裡面。現在很少會收藏 DVD 或 CD，只有小孩目前流行在看或在聽的才會特別買來，若之後孩子長大不看應該也會送人出清，這些東西基本上數量不會再增加。

電視櫃物品以孩子的 DVD 為主，搭配收納盒做整理，避免散亂。

　　應該有人會問，充電器（充電線）或藥品等收在哪裡呢？因為我家一樓的空間太流通，大部分的東西都不會留在沙發區，而是另外收在書桌區域或儲藏室內，後面會再向大家仔細介紹。

　　至於天天都會用到的充電線，例如手機充電線，我還是習慣收在抽屜裡，要使用時才會拿出來，一充電完就順手放回去，不會把它留在插座上。只有像是吸塵器之類的電器用品，我才會安排讓它們有個專屬的插座位置。

Space
廚房

你的廚房裡也有神秘「百慕達三角洲嗎？！」

「廚房東西很多又雜，真的很難整理啊！」、「吼，東西又放到過期了啦！」、「鍋碗瓢盆一大堆，但想拿下面的又怕山崩，用來用去都是那幾樣……」一提到廚房，大家總是滿腹苦水無處發，我也聽到耳朵快長繭。

來，摸著自己的良心，廚房裡有多少櫥櫃或抽屜的深處角落，你已經多少年都沒打開過瞧它們一眼？神秘又可怕的「百慕達三角洲」，早就出現在你家廚房裡了！東西一放進去就莫名消失不見，再次見到它不知道是多少年後……，東西依舊但早已人事全非。可怕的是不只環境髒亂，自己也不知不覺之間當起冤大頭，食材和金錢都在無形中浪費掉了。

比起把東西收到通通看不見的遮蔽派，我喜歡把東西都擺出來，
「一目瞭然」就是我的收納重點之一。

二寶媽的收納眉角

　　廚房是主婦們每天戰鬥的場所，「動線流程」和「食材管理」都非常重要。

　　規劃收納的第一步，就是先檢視自己在烹調過程中會有哪些程序？會使用到哪些物品？再來安排這些東西的相對位置，其實就是畫出屬於自己的「料理動線」。

　　例如我的油品和調味品，除了部分需要冷藏放冰箱之外，一定是直接放在爐檯周邊（抽油煙機上、爐檯旁或下方側櫃）；裝菜的盤子或保鮮盒，也是收在爐檯下方，炒菜時腳步不需要一直反覆移動，只要直接打開櫃子就能夠直接拿取食器來盛盤。除了考量動線，在將物品細部定位時，我同時會考量「使用頻率」。平常幾乎沒有使用的東西，我不會讓它們出現在第一線（不會擺出來），只有使用率高的物品，才會出現在可以馬上看到的地方。

　　至於食材管理，例如各種乾貨或調味料，我的作法是選購「小包裝」為主（避免囤貨、放過期或吃膩了想換新口味），並且習慣**將內容物另外裝到各式保鮮盒或保鮮罐中保存**。或許有人覺得還要拆掉包裝另外裝很麻煩，但是對我而言，如果煮飯煮到一半要使用麵粉時，得先找麵粉盒、打開外盒拿出裡面的袋子，倒出麵粉之後還得把袋口綁起來或夾起來，這些必須一再重複的多餘步驟才是真麻煩。而且，因為要開開關關，可能還剩下 1/3 就懶得用，就算再買新的一包也不好統整起來，反而容易在無形中浪費掉了。

　　這一類收納罐我一口氣買了 20 個以上。或許有些人可能覺得買這些罐子浪費，但是各式醬料瓶罐的高矮胖瘦不一，有些瓶身比例也不符合人體工學，不好拿取、容易失手打破，收納起來更是不好看，如果眼睛不舒服，心情也不會好！一字排開的漂亮景象，才能夠令我身心放鬆啊！

我習慣將各種食材或調味品另外裝到保鮮盒中，一來方便在烹調時立即取用和食材管理，二來在視覺上也很賞心悅目。

在收納配置上，我的核心概念就是——**「把空間細分成很多小格子」**來思考。具體的做法就是用大大小小的盒子去劃分空間，例如一個抽屜或是整個冰箱內的空間，不管是用檔案盒、保鮮盒都好，這樣最容易把空間做出區隔，方便區分出各種類別來存放和找尋物品。此外，這些小盒子也有固定效果，因為東西都被這些小方格侷限住了，所以不會亂跑，不會因為移動一個東西，其他東西就跟著亂了，尤其像水果都是圓圓的形狀，很容易山崩或滾動。

利用大量的盒子來做收納，是我在實作中才慢慢領悟出來的道理。以前我們看那些居家雜誌照片，用盒子做收納的畫面都很漂亮，但是自己跟著買了大盒子來收，東西卻在大盒子內混成一堆，不好拿也不好收，只是以外在整齊來欺騙自己的眼睛而已，實際上並沒有真的整理好。

這才領悟到，其實「只有一個大盒」還不夠，「大盒裝小盒」才是真正實用的收納。把因為大空間定位好之後，裡面還是需要小盒子去做分類，才能達到「看得到也拿得到」的境界。真正具備實用性的收納，並不是把東西放回原處的「歸位動作」，而是為了使下一次的取用更加便利而做的「準備動作」。

例如韓國 silicook 的保鮮盒組，本身的設計就是包含保鮮盒的收納盒，真的很有創意又實用。我也是這個品牌的愛用者，當年我找韓國代購買的時候，根本乏人問津沒有什麼人要買，如今可是火紅得很！

整個冰箱內的空間，對我來說是一格一格的概念。劃分出空間配置，利用「大盒裝小盒」的配置，追求達到最有效率的食材管理。

　　廚房就是碰水的地方，容易因潮濕而產生髒汙、發霉或異味，想要維持整潔，「順手擦乾」絕對是一個要養成的好習慣。例如我家是木頭流理臺，在煮飯時，我會準備一條手巾或廚房紙巾，隨時擦乾。還有我家的木頭餐桌，其實一開始也蠻緊張的，很怕一怎麼樣就毀掉，但是至今使用了十幾年也還好，不油不髒，有點凹痕無所謂，這就是木頭特殊的質感啊。總之就是一句話，使用完畢之後必定「順手擦乾」。

　　我家的東西，平均至少使用十年以上。說到這，有些人會以為我是對物品使用非常小心翼翼、一定要貼上保護膜的人。其實不然，對於物品，我的想法是「**役物，而不役於物**」。我不會糾結使用的痕跡（例如刻痕、凹痕、摩痕或掉漆等），因為那就是歲月的痕跡，屬於一種日常的記憶。前文提過，我喜歡直接碰觸到原始素材，不會特地再用保護膜來包覆物品（例如以塑膠墊或玻璃墊來保護木頭檯面）。

東西發明出來就是讓我們使用的，而不是拿來供奉，如果使用時太過緊張，反而使自己變成物品的僕人，失去了我們買它的意義，正常使用之下會產生的痕跡，我通常看得很開也很豁達。東西買了就要用，如果把它藏起來、遮起來不用，那為何要買？所以，我不管買什麼東西，即使價格不菲也一定捨得拿來使用，這樣才是賦予物品最棒的價值啊！

廚房的順手感收納配置

依照「料理動線」及「使用頻率」，規劃出各物品的收納定位，
打造機能強大又令人身心舒暢的廚房空間。

A 常用杯具、茶壺、咖啡壺（水槽正上方）

我家的杯子並不算太多，使用率最高的杯子，平常就收在洗手檯正上方，從洗碗機拿出來之後，只要往上一放就好。使用時，拿取或清洗的動作也非常方便。

這裡也收著茶壺、手沖咖啡壺和奶泡機，利用無印良品的檔案盒來分類收納，無印的招牌圓孔設計，只要一根手指就能輕輕拉出整排檔案盒，非常便利。

利用檔案盒來收納，方便分類又安全，玻璃杯、馬克杯、茶具和
咖啡器具都乖乖立正站好。

B 常用調味料 （爐檯邊、左下方）

在煮飯時，總是會十萬火急突然需要什麼調味料，我的常用醬料基本上都是收在爐檯周邊，離我的烹調區最近，做菜時不用移動腳步就可以直接拿取。

乾的香料粉就放在爐檯邊，不用冰的油、醬油或醋等液體醬料就收在左下方廚櫃內。我選用日本星硝便利罐，它的優點是可以單手操作、按壓式開瓶，只要按一下蓋子就會彈開，煮飯時常常有一隻手是髒的或油的，這時候就用乾淨的那一手來取用，簡化料理步驟。

我選擇色系一致的品項，品牌不一定相同，但混搭起來要協調，容器選擇三個以上同一尺寸擺放在一起，視覺上就整齊很多。若平面空間不足則需要向上堆疊，加個托盤，需要用時再拉出來，就可以解決後排瓶罐拿不到的問題。收納用品的挑選上，可以一物二用折疊收納絕對優先選擇。

各式香料粉我就放在爐檯邊，煮菜的同時就能順手取用，畢竟媽媽
煮飯如戰場，拿一罐調味料就要開一次抽屜我會先崩潰。

安裝了側拉籃的醬料櫃,依使用頻率由上而下排放,第一排放最常用的油品和醬油。由於側拉籃是格柵式鏤空設計、通常高度也不夠,瓶子在裡面很容易傾倒,先加裝檔案盒再放醬汁瓶,側邊高度夠可幫助固定,不怕粗魯拿瓶子時打翻醬料。

#無印良品 PP 檔案盒 #星硝便利罐

C 常用保鮮盒、鍋碗瓢盆（爐檯正下方）

每天登場機率最高的保鮮盒和鍋碗瓢盆，就收在電陶爐正下方的櫥櫃，總共分三層。

第一層就是保鮮盒，我的保鮮盒以無印良品和韓國 silicook 為主。當然數量不只這些，但因為不斷輪動和循環使用中，有些在洗碗機裡、有些還躺在冰箱裡啊！因為櫃體較深、第一層的高度又較高，所以加了隔板，克服下層保鮮盒不好拿取的問題。

第二、三層是抽拉式的籃子，無法直立收納的鍋子和沙拉碗放置於第二層，其實常用的鍋具沒幾個，若是抽屜放不下的大鍋子，就搭配轉角架，直接收在流理臺的角落。第三層主要收納各式餐盤和碗，以盤架和碗架輔助，不管是立式收納或堆疊都不易傾倒，方便拿取。

考慮到使用動線，這些東西我放在電爐檯正下方，食材起鍋彎個腰就能拿到容器盛裝。

第二層拉出來的樣子。利用收納盒來做整理，收納量其實不小。

第三層從正上方俯視的樣子，利用盤架和碗架分類立起，一拉開就看得一清二楚。

二寶媽碎碎念

保鮮盒的尺寸不需要細分太多種

說到保鮮盒，大家都看過一整組尺寸由大到小排列的保鮮盒組嗎？多樣化的形狀和尺寸，大、小、方、長、高、矮都有，看似無所不收，還可以用最大的保鮮盒把所有盒子組合裝起來，號稱不佔空間。

不過，我本身不愛買這種尺寸多樣化的套組，因為自己使用習慣的尺寸，其實就是那麼兩、三個，頂多四、五種而已。

實際上有一半以上的盒子都沒在用，或是用得很勉強，如果聽廣告上說的全部裝起來，拿取時根本就像拆解俄羅斯娃娃一樣考驗耐心啊！

可預見的下場就是懶得拆，每次老是用那幾個而已。

既然如此，為什麼要貪便宜多買那些不用的保鮮盒來佔空間呢？

D 筷子湯匙、料理道具 （爐檯右下方的三層抽屜）

　　近期料理道具也是盡量簡化，平常用的不是那麼多。不過，每當有新成員進駐或汰舊換新時，我會再把三層抽屜的空間重新分配一下。

　　第一層，高度及腰的抽屜最方便拿取，就收常用的筷子、叉子、湯匙等。以整理盒來劃分空間，立即條理分明。

　　第二層，收納的是一些料理小工具，將性質相似的收編在一起，形狀或大小類似的也盡量讓他們當鄰居。視覺看起來太亂的（譬如飯糰模）就使用有蓋的盒子，畫面會清爽很多。

最上方那一排是無印良品的小物盒跟筆盒，它們通常都被迫和 PP
立式檔案盒配對，有人想過它們的感受嗎!? 其實和餐具收納盒擺
在一起，也能相處愉快！把抽屜內剩餘的畸零空間填補得將將好，
用來收咖啡匙、水果叉、女鵝的餐具，也是妥當速西！

#PP 檔案盒用小物盒 #PP 檔案盒用筆盒 #PP 整理盒

便當分隔膜　　刨絲器

貼心叉

磨泥器　　蔬菜削鉛筆機

飯糰模型

外出餐具

無印良品的桌上型垃圾桶。一盒剛好收納一組模型，整組一起拿出來使用，對我這種有模型辨識障礙的人來說方便很多。

　　第三層，平底鍋組。這套鍋子有附蒸架，一般大家都會疊起來收，我是習慣側面立式收納，但是會碰到鍋蓋很佔空間的問題，考量到自己使用鍋蓋的頻率很低，一不做二不休的乾脆把鍋蓋手把拆下來！檔案盒也可以變身鍋具組的收納好幫手，1/2 高比全高好用，收納小鍋、蒸鍋、鍋鏟、湯勺等配件都不是問題，很多人在收納上遇到困難，其實是沒想到可以把東西拆解、組裝或轉個方向，只要多多嘗試，有時候換個角度搞不好就會發現新大陸，問題自然迎刃而解。

拆解鍋蓋乍聽之下很誇張，但其實拆裝耗時不到 30 秒，清潔上也可以更徹底。拆解物品大概可以列為我的專長之一（笑）。

E 保溫瓶、客用杯具

我家的保溫杯不會時時刻刻在使用，出場率算二軍等級，我把它們收在電陶爐的上方櫥櫃，也是以檔案盒分類整理。其他不常用的客用杯具，就往上收在更上一層的櫥櫃，同樣也是靠檔案盒讓它們排排站。

檔案盒變身小拉抽整理保溫瓶。只要一根手指就能單獨拉出一排，就算動作粗魯也不怕瓶子東倒西歪。這就是我這麼愛檔案盒的原因啊！

F 日常保健食品

　　我這個人對於臉上跟身體皮膚的保養非常懶惰，但卻非常重視保健品的營養補充（老人家的症頭？），尤其減 __ 的時候，補充足夠的營養才能增強代謝（當然運動也是）。但是！各家保健食品瓶罐大小不一，尤其圓罐實在佔空間又難收納，而且瓶瓶罐罐的，又要開瓶、拿量杯匙、旋瓶蓋、掏錠狀物，浪費很多時間又難拿、難收納（真的很氣）！

　　這款方形保鮮盒用來裝各種粉狀和錠狀保健食品剛剛好，乾脆一不做二不休多花些心力，一次改造成最容易取用的模式。各式粉狀物直接依比例混合好、錠狀物一壓盒蓋單手可取，小保鮮盒外搭收納籃，大保鮮盒搭配可倒扣在上蓋的量匙，既美觀又不沾手。

　　這個區域就在我的茶水區上方，不管是拿杯子裝水、吃保健品、順手洗掉杯子，一次性完成所有動

作，真的省了我很多打翻瓶子跟咒罵的時間，畢其功
於一役！

擔心粉末容易受潮怎麼辦？
其實我在櫃子裡有放除濕棒
（就放在保鮮罐後方），一
整個變成防潮箱的概念。避
免直接堆疊收納籃，以壓克
力隔板分開上層與下層，拿
取時不會互相干擾。

G 各式備品、清潔用品（水槽正下方＆儲藏室）

　　水槽下的備品空間，收納常用的保鮮袋、夾鏈袋、烘焙紙、鋁箔紙和保鮮膜備品，還有各式清潔用品，例如過碳酸鈉、小蘇打粉、檸檬酸、洗碗精及洗碗機用品等。備品的分類整理非常重要，好的收納就等於是庫存管理，避免要用的時候找不到、還一直重複補貨的悲劇。

利用檔案盒和化妝盒幫助各式備品就定位，因櫥櫃的空間較深，安裝側拉籃讓拿取更加方便。

二寶媽碎碎念

夾鏈袋收納

廚房收著最常用的夾鏈袋,其他還有一些大尺寸、
出場機率比較少的款式,我就收在儲藏室(就在廚
房旁邊,只要走幾步路就到)。我尢看到我常買
IKEA 的夾鏈袋,他也會買各式各樣的夾鏈袋回來,
雖然尢的心意很動人,但是各式夾鏈袋也因此一直
無性生殖…。

我使用的夾鏈袋專用收納盒,是在日本亞馬遜買的,
這款收納盒的設計和材質都還不錯(市面上其實有
蠻多類似商品,有一種是 PC 材質自己摺的,但是
容易劣化或軟掉,需要挑選一下)。

盒子本身有尺寸之分，我是買中間尺寸，各種尺寸
的袋子都裝在裡面，就不會有盒子大大小小的問題，
它的身高也剛好跟旁邊的無印收納盒一致，看起來
很舒服。

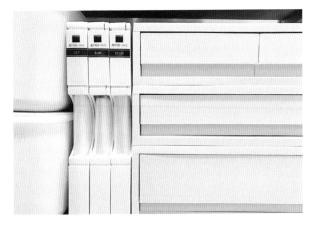

盒上的標籤是我自己做的，用以標示袋子尺寸，分別是 IKEA 容量 1.2L 以及編號 8 號和 10 號的夾鏈袋。

H 冰箱管理

第一步，先盤點一下自己冰箱內到底會放哪些東西？（內容物）

第二步，把冰箱內區分成幾個空間，分別給予定位。例如這層要放什麼、那格要收什麼？（功能性）

第三步，根據東西的尺寸來調整冰箱層板位置，再用保鮮盒一格一格去填空，有點類似積木疊疊樂的概念。（尺寸‧長寬高）

所謂的冰箱管理，說穿了就是上面這三步驟。收納是活的，所以根據每季採購的食材不同，空間配置也會有所變化。或許有人會說這麼多盒子很佔空間，冰箱放不了太多東西，但對我來說，「有效管理」才是重要的。清楚方便的收納及拿取方式，有利於食材管控，可以清楚知道剩下哪些東西、何種食材應該補貨，就不會常常吃到出土或壞掉的食材喔！（覺得有胎胎中槍）。

　　粉絲團上常有胎胎問我冰箱整理、備菜問題（每天都要回答一萬次），聽說我有另一個稱號，就叫保鮮盒之神……經病！集日月之精華，通通一次整理出來，給大家看個夠。日常生活中的實際操作方式，以下看圖說故事最快！

・五穀雜糧類

　　誰說儲米桶只能儲米？（好饒舌）不管是白米、糙米，還是各種豆類、桂圓、麵條、義大利麵等，我通通裝進儲米桶，排排站在一起，庫存多少都很清楚。

我很喜歡這款儲米桶的分隔設計，具有巧思！每格上方都有專用開口，打開就可直接倒出一次使用的份量。

・蔬果類

　　蔬果室的配置方式不一定，都是看每次（每季）採購的內容來決定。一顆一顆的水果或根莖類比較重，就放在桶子內。葉菜類側立或直立收納，不只視覺上清楚，也方便庫存管理，才不會下層壓到爛掉還不知道。

　　有些外型比較特別的蔬果（例如長長的蔥蒜、菇類等），我會先簡單處理過、分切裝盒之後再放冰箱。準備做凍豆腐的話，也會先切好一盒放進保鮮盒（平常不會特別拆封切開）。有時候根莖類也會先切塊裝盒冷凍備用，加速下班回家煮飯效率。

　　在處理葉菜類分裝時，能不切我就儘量不切，烹調前才切洗。基本的保存方法分享給大家：切去根部、把外層乾扁或枯黃的葉子摘掉、不洗！不洗！不洗！（太髒的話可用乾紙巾擦拭過。除非是隔天就要用，否則不要先洗，蔬菜碰水之後若沒有完全

瀝乾容易爛掉，要煮的時候再洗就好）、分切成適當（可放進保鮮盒）的長度、保鮮盒底部鋪一層廚房紙巾，放入蔬菜、蔬菜上方再蓋一層廚房紙巾，蓋上盒蓋送入冰箱冷藏。基本上可以保存兩個星期沒問題，依然新鮮翠綠！

　　至於使用一半的食材（例如剩下半顆的青椒、洋蔥、紅蘿蔔等），我都會統一移到某個保鮮盒（作為下次料理的優先使用區，盡量在二天內讓它們消失），如果只剩小小一塊又用保鮮膜或塑膠袋裝著，很容易不知道滾到哪裡默默爛掉。

超市包裝的葉菜可直接放冰箱，無外包裝的櫛瓜、玉米、蘿蔔等，用蜂蠟布包起來（重複使用）來保鮮，整平也比較好收納。

外觀不平整的花椰菜、玉米筍，或是傳統市場買的葉菜類等，因為原始包裝在冰箱中不好排放，有時也會先簡單處理過，再以收納式保鮮盒分裝備用。

蔥、蒜或芹菜很長一把,不好直接放冰箱,我也會先處理過分裝入盒。假日經常整天泡在廚房裡跟各種食材奮鬥,但是平日下班時煮菜時就會事半功倍、快速出菜。

在思考配置時，除了考量形狀和重量，也要一併顧慮到自己拿取時的視線。例如韓國 silicook 保鮮盒組有拉取式的底座設計，以俯瞰視線來檢視保鮮盒是最便利的，所以存放位置也要符合身高和人體工學，不要放到太上層。

某天叫我尢去收院子曬好的蒜頭，看他忙進忙出不知道在蘑菇什麼，最後竟然拿著這幾包進來交貨，不但自動自發品管分級，還把膜去得乾乾淨淨！（老一輩有教：蒜頭曬到全乾之後放冰箱保存，不只避免乾掉風味流失，還可以放一年以上不會壞。）

舉辦一人一菜的派對時,直接以保鮮盒上桌,省掉不必要的盤碟和後續清潔,不只輕鬆方便,看起來也超有氣勢!

·肉類、海鮮類

採購回來後，先分裝出每餐的分量，一次解凍一盒超速西。差遣我尢上市場買魚時也帶保鮮盒去，不只減塑，裝盒帶回來直送冷凍庫也很方便。收納式保鮮盒的盒身是透明的，如此分類，不用貼標籤也很容易找到東西。1200ml 保鮮盒可以裝下一份大雞腿肉、600ml 保鮮盒裝一餐份的肉片或切片鱈魚也是剛剛好。網購的袋裝冷凍食材最方便，就用無印 PP 彩妝盒分類別放置，立式收納一目瞭然。

我尢很愛吃花枝小管之類的海鮮，經常去市場掃貨（真會幫我找麻煩！），買回來後我會先去皮洗淨、以夾鏈袋分裝之後再送入冰箱。在透抽還沒塑型、軟軟的時候，如果直接丟冷凍庫，很容易凍得歪七扭八……。靈光乍現的我，拿出秘密武器～薄型檔案夾式砧板組！然後！分層疊好壓平，放入冷凍庫，待花枝小管結凍成型就可收起砧板，把一包包方正扁平的花枝小管直立放入收納盒。這樣就可以結案了！！！（退堂～威武～）

不管是在冷藏室或冷凍庫都很活
躍的韓國 silicook 收納式保鮮
盒，可冷凍、冷藏、機洗，最適
合懶人我。

薄型檔案夾式砧板組變身成冷凍
庫的隔板，超好用！大家盡量多
幫東西開發多元才藝啊！

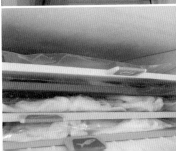

• 醬料類

　　身為每天下班衝回家煮飯的職業婦女，冰箱有一堆醬料也是很正常的，不然要怎麼每天變出不同口味的餐點呢？（撥髮）

　　我偏好使用玻璃罐來裝醬料，視覺上整齊，不會有花花綠綠的標籤傷害視力。以往我都集中放在白色 IKEA 收納籃內，但下場就是：玻璃罐很重，要嘛不是整籃打翻，不然就是因為麻煩不想移動後排的醬料（煮飯如打仗，胎胎可是分秒必爭的！）

　　終於……我再也受不了它們了！好不容易找到符合冰箱尺寸的ㄇ型陳列架，把罐頭們一字排開重新上架，把握水平與垂直都不堆疊的原則，既可一目瞭然又可以取用方便，不必擔心手殘打翻整籃調味料。

被朋友說很像實驗室樣品的冷藏醬料區。上排是日本星硝玻璃罐170ml，下排是德國 WECK 玻璃罐 580ml。

冰箱門邊也有醬料區。我選用日本星硝便利罐，前排 300ml、後排 500ml（可以單手拿取開關）。星硝的瓶口設計很棒，取用時液體不會沿著瓶口流下來。

二寶媽碎碎念
電線收納

關於電線收納，現在消防隊都會宣導不要捲、綁或纏繞，所以不明顯處的電線，我都是隨便它去。我家廚房流理臺上有三臺小家電，也是使用檔案盒來整理。

有些人會做電器櫃，不使用家電時就通通關起來變成一面牆，當然電線也是藏在櫃子裡完全看不到。不過我是偏好挑選兼具外型和功能的精美小家電，使用的同時也是在展示它們，對我來說，這就是一種獨特的生活感，具有療癒人心的效果。

不一定要使用電線整理盒，其實檔案盒也是收電線的好幫手。

我讓延長線的頭尾露出來，中間那段就自然散落在盒子裡。插電時，多餘的電線也可以放進這個盒子裡。

抹布・擦手巾收納

許多人覺得棘手的抹布、擦手巾等，我是採用掛式
收納。抹布我習慣依用途分類（餐桌、流理臺、乾
淨鍋具、煮飯擦手用、水波爐……等），每條抹布
燙印上布質標籤帶做標示，容易辨識也不容易混用。

流理臺用、餐具用的抹布和隔熱手套掛在流理臺側
邊；餐桌用的抹布和隔熱餐墊一起掛在餐桌側邊，
要用時隨時拿取。擦手巾則掛在水槽周邊櫥櫃的門
片上，剛洗完濕濕的手以最短路徑擦乾。礙於空間
限制，有時不一定能夠做到最有效率的配置，但至
少顧及功能性和視覺美觀上的平衡。

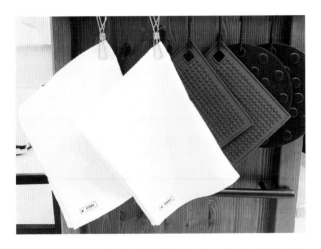

抹布、擦手巾和隔熱餐墊,比起鋪在檯面上,掛式收納不只通風快乾,也比較不佔空間,流理臺和餐桌側面都是方便收納和取用的位置。

#Brother 標籤機 #PT-P300BT #BrotherTZeFA3 燙印布質標籤帶

Space

更衣間（衣櫃）・梳妝桌

你的衣櫃也「便秘」了嗎？！

快遲到了急著出門，偏偏想搭配的那雙襪子就是少一隻？在衣櫃裡撈啊撈的，撈出來的東西都不是你想要的？你開始懷疑，衣櫃裡應該有個黑洞老是把你最喜歡的那隻襪子吃掉；還是有小精靈半夜偷偷在衣櫃裡開趴踢？不然，本來很整齊的衣櫃，怎麼會不知不覺變得那麼亂？

明明衣櫃大爆滿，卻經常抱怨沒衣服可穿？這樣的狀況，很明顯就是衣物管理方面出了問題。大家有沒有發現自己的衣櫃「只進不出」？衣櫃一直暴飲暴食，但是沒有新陳代謝的空間，當然會消化不良兼便祕啊！

規劃衣物收納的配置時，可先列出自己需要收納的衣物量，一併思考使用頻率和衣物特性來分配空間比重。

二寶媽的收納眉角

衣服會越來越多，是因為沒有「**淘汰機制**」，只有進沒有出，空間越來越擠，新衣服進來就是往上疊。久而久之，比較舊或少穿的衣物漸漸消失在你的視線裡，結果就是每次都穿那幾件，覺得自己的選擇很少（然後看到購物網站打折就開始手滑亂買）。所以，定期（至少每年一次）的淘汰出清很重要。

如果不知道該怎麼淘汰，可以從「**總量管制**」下手，並且借助收納盒之力。例如，我衣櫃放襪子個格子就只有 16 格，所以襪子數就控制在盒子可裝的數量內，只要有一個新的進來，就要有一個舊的出去。我們只有一個身體，真的不需要穿到那麼多衣服！更何況，堆在衣櫃深處的那些，根本都是早已不穿的衣服。

襪子一坨一坨丟在衣櫃中，出門要穿拿出來配對時當然有困難。
用小盒子收納（再說一次，它是冰箱分格盒！），一格收一雙或
兩雙，簡單對摺而已，不必擔心捲在一起容易鬆掉，花色也一目
瞭然，不用翻找拆襪子。

最近檢討自己時意識到，「**不要包色**」也是總量控制的重點之一。以前非常喜歡某款式、很難取捨的時候，可能會包色（例如黑色一件、白色一件），但是，嚮往的顏色跟實際上自己適合、有安全感的顏色，是不同的，例如我偏好暗色系的穿搭，白色衣褲過了好幾年根本連標籤都還在，這就是盲點。其實包色陷阱無所不在，小至黑白灰的三雙襪組，你有發現自己再怎麼穿都是其中兩個顏色嗎？在進行總量管制時，建議不要包色，先選一件最實穿的顏色就好，以免庫存壓力變大，那些被冰在衣櫃裡的衣服也是一種浪費。

此外，提醒自己「**不要囤未來可以穿的衣服**」，尤其是「變瘦之後可以穿……」的妄想，真的瘦了之後再去買新衣服就好！遇到打折季時更要控制心魔，千萬別為了湊折扣去買自己當下穿不到或孩子好幾年後才能穿的衣服。如果是大寶的衣服要傳承

給二寶，切記要篩選淘汰一波，依照尺寸和季節分類，以收納箱分類。

若有衣櫃換季的需求，一定要先清洗過再裝箱收納，否則一季之後拿出來都是斑斑點點，同要注意潮濕問題，堆在陰暗角落沒有辦法呼吸的衣服，也會加速受損和劣化。

進行收納時，**如何歸位是一個重點，但絕對不是「終點」**。不能只求外觀整齊，必須考慮到使用物品的程序。如果東西一拿出來就不容易歸位，或是一旦歸位之後不好拿取（阻礙了下一次使用的方便性），例如抽屜被椅子擋住、需要移開某個盒子才能拿到想要的衣物⋯⋯，這就是造成衣櫃整潔無法持久的主因。切記三口訣，**動線流暢、步驟簡化、不要堆疊**！這一次的歸位，其實是下一次使用的「起點」，以後出門著裝時不再手忙腳亂，而是快狠準又美麗。

更衣間（衣櫃）的順手感收納配置

▋抽屜櫃（家居服・常用配件・上衣）

　　每天開關次數最多的抽屜，就是收納家居服裝和常用配件，主要也以無印良品的檔案盒來分類，配置在離門口最近的地方。有些人習慣上下身分開收，但我家的居家服了不起就兩三套，也不分季節，所以我不會刻意分開收納，都裝在同一個盒子內。

　　上衣我還是習慣摺起來收納，夏季的 T 恤等薄上衣，我會使用摺衣書（摺衣板）搭配無印良品的壓克力分隔板做分類；冬季的大學 T 或針織衫比較厚，摺起來之後，一樣使用分隔板，剛好一格可以放一件。

　　無印良品的壓克力不便宜，跟坊間的相似產品價差非常大，但是相比之下，它的透明度很高、不容易有刮傷痕跡，也不會因為時間久了就霧化，而且邊緣的收邊處理非常棒，圓滑不刮手。平時可以先

放在購物車裡，看準週年慶折扣日再下手才不會太
心痛！

這兩個抽屜的位置最靠近更衣間門口，用來收納使用頻率最高的
內衣褲和家居服。洗澡時一伸手就能快速拿到，不必再繞進去更
衣間深處。

上層由左而右依序是內衣、內褲、發熱衣、內搭褲、家居服、布質收納袋。下層是襪子、褲襪和圍巾收納。

我的披巾圍巾以薄款居多，裝在無印化妝盒內，摺的時候配合盒子寬度即可，一眼就可看到各種花色。

善用收納盒，讓內衣、內褲都擁有自己的家。內褲一格放一件，
內衣則是將罩杯立起、將肩帶和背帶收在罩杯裡，側排在一起（絕
對不要摺罩杯！）就像內衣店的展示品一樣，彼此不堆疊，大家
都擁有均等的出場機率。

▌吊掛區（長版衣・短版衣・下身褲裙）

　　吊掛區的分類，以「長度」來區分。短外套、背心就掛短版衣區；風衣、羽絨外套、洋裝收在長版衣區。我的更衣間裝有一排褲架，褲子和裙子就掛這裡。

　　吊掛排序不會刻意劃分季節（因為現在四季不明顯，許多春夏的薄衣服只要加件外套或內搭，秋冬一樣可穿），主要依照顏色來排列，由淺色漸進至深色。不過我個人偏好低彩度的穿搭，以大地色和藍黑色居多，整排看起來的顏色落差不大。

吊掛衣物時可排列依照顏
色，由淺入深，視覺上比
較舒服。

無印良品的衣架不能說 CP
值高，但它的設計和耐用
度十分優異。圓滾滾的粗
版衣架不會在衣服肩線頂
出突兀的線條，獨特的缺
口造型設計，裝入衣服時
不會把領口撐開，不易造
成領口變形。

▌珍愛包包＆少用包包區

關於包包，除了前文介紹過收在一樓的日常外出包之外，更衣間裡還有另外兩個包包。「珍愛區」的包包算是半收藏品，只有特殊的場合才會出場，全部都用防塵袋套起來排排站好以便閱兵（笑）。

「少用區」的包包也收在更衣間內，這區的包看心情用，使用率稍高，所以沒有一直套防塵袋，直接放在包包收納架上方便使用。收納架一組四個，可以串接在一起蓋包包大樓。

「珍愛區」的包包較少用，放在更衣間櫃子的夾層中，包著防塵套避免落塵問題。

日本山崎・包包收納架

「少用區」的包包不像日常包包那麼操勞，休假外出時偶爾會出場，直接放在收納架上。

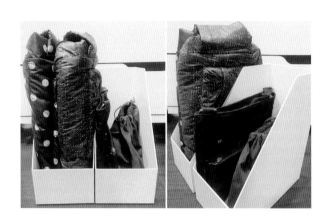

小包包跟可折疊的軟質包會會跌倒怎麼辦？莫急莫慌莫害怕，用斜口檔案盒就可以輕易解決。

#MUJI 無印良品・斜口 PP 立式檔案盒

▌梳妝桌

右頁照片是我的梳妝桌，其實它並不是一個制式的化妝檯，只是更衣間一個小角落的檯面而已。依照個人需求，借助各式整理抽屜之力來收納瓶瓶罐罐，就像是小積木的概念，需要什麼就補一塊什麼，會比市售模組還更適合自己。

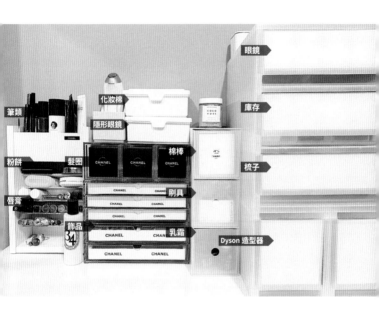

　　由左至右，最左側是前數年買的口紅收納架，很好用，上層可以放置眉筆和長型的小瓶罐（我的保養品算少，習慣用 100ml 左右的小罐裝）；中間是扁型空間，我只有幾條唇膏（排列時露出色號那一邊）；其他的空間用來放粉餅、腮紅、眼影非常剛好。

現在正在使用的東西，一定是放在最方便處，符合視線高度。

再來是無印良品的壓克力扁型抽屜，內部搭配不同格局配置的灰絨內盒，可以妥善收納耳環、別針、項鍊等飾品，外側塞入喜歡的緞帶（精品品牌包裝緞帶的第二春！）隨性改造成自己喜歡的風格。

右方的白色三層小抽屜，它可容納較高一點的物品，放的是棉棒、粉底刷、乳霜罐等，粉底刷我用的是它原本的紙盒，把盒蓋往內摺就變成刷具放置架，放小抽屜內不怕長灰塵。最右邊的大拉抽，用來收納眼鏡、梳子、庫存彩妝品，比較特別要說的是，最下層分為左右兩格正方形抽屜，用來放 dyson 造型器。

注意，檯面、抽屜前面一定要清空，最好不要有任何裝飾品或鏡子等，才不會擋住拉抽屜的動線，無法做到順手歸位，沒幾天馬上又亂了。

dyson 造型器原廠附的收納盒又大又笨重，拿個造型器穿越層層關卡實在麻煩，索性把它移到抽屜內，借助隔板一樣能讓各種造型吹嘴排排站好，而且一目瞭然、好拿又好收（驕傲甩髮）。

我的彩妝品庫存區。為了避免不小心重複進貨，需要有獨立的「庫存區」，而且必須加以管理。有朋友甚至會電腦建檔庫存數量，但我喜歡採用最直覺的「眼神掃射法」，一眼望去就能找到東西，也能清楚掌握剩餘庫存。分類分隔存放、不堆疊不推擠，才能讓我一眼找到它。

我喜歡一拉開抽屜，看到漂亮的飾品一一展示出來，迅速看一眼就知道今天要戴哪一件。記憶力不好的我，如果沒有看到東西，就會忘了它的存在。

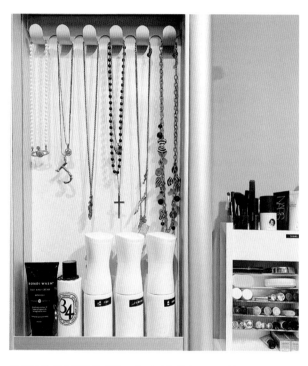

這是梳妝桌旁邊的旋轉鏡，背面是收納空間，比較大型的瓶罐都在這裡安身立命了，覺得有點美。白色瓶子是荷蘭噴瓶，噴出來的噴霧很細緻，非常好用，注意不要在網路上買到仿品。

　　很多人會問：二寶媽的飾品都怎麼保養的？怎麼看起來那麼新？有些人習慣把飾品一個一個都用夾鏈袋包起來，還有人會特地去包膜，但我個人對於自然使用痕跡是可接受的，就讓它們直接裸躺在盒子內，不會另外包覆。除了我實在懶得每次拆包裝之外，總覺得再怎麼美麗的飾品，如果在抽屜裡面是一包一包的塑膠袋，還要翻找，原本精美的氣氛好像就走調了。

　　我沒有特意使用保養工具或定期送回品牌專櫃清潔，不過會留意不要戴著飾品噴香水或髮品，每次戴完之後會用乾衛生紙或棉布順手擦拭過再收起來。家裡有一臺超音波清洗機（洗眼鏡用），飾品也偶爾丟進去用清水洗一下。其實若平時建立起好的使用習慣、每次順手清潔的話，不會那麼容易就嚴重氧化或髒汙損壞。

二寶媽碎碎念

小孩衣物收納

小孩的衣物怎麼收納？目前我家大寶和餓寶是共用一個單位的衣櫃（其實我以前是單方面計劃不要有小孩，但計劃趕不上變化，我就默默變成二寶媽了）。因為空間有限，孩子的衣服需要換季收納，而且長大不適穿的衣服就要定期出清，不能因為捨不得就一直堆著。

吊掛區：不好摺的背心、洋裝和厚外套。當季制服都在循環使用中，可能頂多掛在衣櫃一個晚上。

抽屜區：最上層是淺抽屜（11 公分高），其餘三層深抽屜（21 公分高），共四排，一人兩排。淺抽一格收內褲、一格收襪子；深抽用來收家居服（睡衣）、薄上衣、厚上衣、內搭、褲子。

最上層的收納盒：非當季的學校用衣物，例如制服、運動服、泳衣、舞衣等。這個衣櫃基本上就是兩個孩子一季衣物，旁邊還有一個斗櫃用來收納其他非當季的衣物。

這是兩個孩子一季的衣服。吊掛區和抽屜區之間的空間可作為暫置區彈性運用，不過隨著孩子長大衣服越來越長，這區也會越來越小。

上層：MUJI 無印良品
追加用收納盒（淺）11 公分
中下層：MUJI 無印良品
追加用收納盒 21 公分

我們大人的衣物基本上尺寸是固定的，不會落差太大，但成長期的孩子身形變化快速，衣服會越來越長、越來越大件，其實我也持續在思考大寶和餓寶之後的衣櫃要分開規劃，但收納不是一蹴可幾，只能慢慢的、不斷的滾動式修正，永遠沒有達到終點的那一天，是很好玩沒錯，但也好累啊！

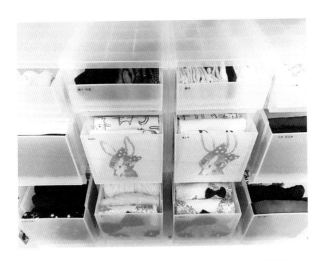

我還是習慣摺衣服，收納量大又整齊。花色朝外、立式陳列，一
眼就能挑到想穿的衣服。

二寶媽常用的方形摺衣法

關於衣物收納，現在大家普遍都推薦直立式收納，不要堆疊，才不會一拿衣服就弄亂。網路上最普遍的方式就是「口袋摺衣法」，但是它最後一個步驟是將布料翻過去，變成一個口袋，把剩下的衣服全都塞進去，久了衣領或下襬容易鬆掉。

而且，棉 T 可以這樣折沒問題，但若是沒有彈性的材質（例如雪紡）就無法這樣摺。另外一點經常被討論的就是，直立式收納在裝滿時整個畫面非常好看，可是一旦抽掉部分衣物，剩下衣物的材質若不夠硬挺的話，就會整個軟爛坍方。

所以，如果是願意摺衣服的人，摺衣板（摺衣書）是個不錯的選擇，尤其拿來摺軟質的衣物更是好用。摺好的衣物各自獨立，它有緞帶可以繞一圈並以魔鬼氈黏起來，不會因為拿了一件衣服，隔壁的衣服就被翻動而亂掉。再搭配隔板做分類，整個抽屜櫃會變得非常好管理。

利用摺衣板可以使上衣全部排排站好一動也不動，我說東它們絕不敢往西呢（根本是軍營來著）。很多朋友乍看都會驚呼：這是百貨專櫃吧？！在家用這個不合理吧？不過，其實我用起來還算順手，也不會比原本摺衣多花什麼時間，反而還少掉了後續的整理。摺衣板的必需性當然見仁見智，畢竟買下來也是一筆開銷，我看日本主婦也有人用L形夾來取代摺衣板，一樣能做到硬挺收納。

至於其他衣物，我也是一律摺成圖案向外的「方形」，這樣最好放入抽屜中排列整齊，也方便挑選想要的衣服。

褲子：首先左右對摺，屁股稍微凸出來的地方再摺進去，變成長條形，接著就可以摺成方形。

內褲：先將三角的地方向上摺進去，就變成長方形，然後捲起來或摺成方形。

兒童家居服：經常是一整套同花色，我會一起收（直接摺在一起），如果分開收納，每次洗澡前為了找到另一半來配對就不知道得花多少時間。

重點在於把上下身摺在一起，把
褲子直向包在衣服內，摺好就是
一整套家居服，從此不必擔心下
半身失蹤。

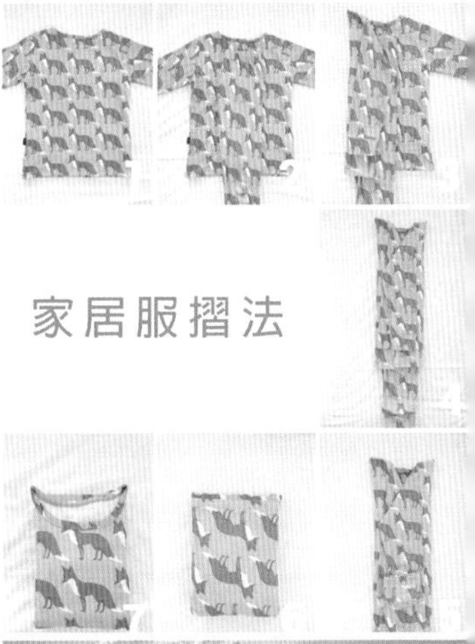

家居服摺法

我家有一位處女座的盧小小餓寶，
規定媽媽要把她的小褲褲折成這
樣……，蝴蝶結還要朝前面！（個
人造業個人擔）

Space

事務桌（文件・書・玩具）

在你的抽屜深處，埋藏著許多「時光膠囊嗎？！」

　　經常聽朋友提起，難得下定決心大刀闊斧整理書房，結果一下子挖出五年前考證照的必勝文具組、在書堆內翻到大學的筆記和成績單，接著又在櫃子裡找到上次出國旅遊的機票紀念品……。「哇，好懷念喔！」大腦莫名其妙陷入回憶漩渦之中，不知不覺中斷了手邊的整理動作，變成拆封時光膠囊的懷舊大會。

　　那些停格的時光，就埋藏在空間中的某個角落深處，說起來好像有點浪漫……，才怪！看看它們散落的模樣、上頭滿布的灰塵、亂七八糟的環境，代表其實你根本不珍惜那些回憶和用品！

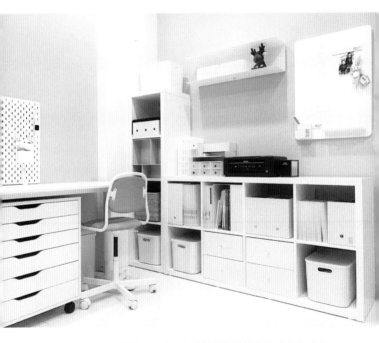

在規劃書桌區域的收納配置時，各式花花綠綠的文具或小東西容易散亂無章，搭配收納盒組合隔開，讓每樣東西都有自己的專屬位置。

二寶媽的收納眉角

在衣櫃收納時，我提過「總量管制」和「淘汰機制」概念，如果要應用在書桌區域的話，**就是為文件和物品設定「保存期限」**，大致區分為「有期限」（短期、中長期）和「無期限」（永久保留）。

在忙碌工作和育兒生活中，各式文件、文具等物品只會不斷增加，我建議**依照「屬性」及「保存期限」來分門別類**，減少混雜、找不到的情況，也可以一眼看出哪些東西已經不再需要，避免過期資料的無止盡堆放。若是基於紀念意義而希望長久保存的物品，就要另外設置一個區域好好收藏，才是對那份珍貴回憶的尊重。

除了如何分類，大家在收納時最容易碰上的實務問題就是「**不管怎麼收，還是看起來很亂！**」，關鍵的原因就在於「**配色**」和「**形狀**」太過紛亂。由於書桌區域的各種文具、文件，還有大大小小參差

不齊的書本和玩具等，大多是繽紛多彩的顏色和五花八門的形狀（如果你是重度文具控專門搜集各式絕美文具，那就另當別論），當小東西累積在一起時，即使單一物品本身不難看、就算努力排列整齊，漫無章法集合起來的畫面通常並不會太協調，還是容易散發出凌亂的感覺。

　　在書桌區域，我也習慣使用色系一致的收納盒來做整理，將空間梳理成線條俐落的小方格，每樣東西都有自己的專屬位置，不只方便使用和歸位，整體視覺上也清爽無負擔。

書桌區域的順手感收納配置

▌家庭事務桌（書桌）

我的書桌，對我來說同時也是家務處理區，不只個人物品，許多家庭共用的東西也都收納在這裡。關於家庭事務桌收納，使用收納用品絕對是解決桌面雜亂的最佳方法，例如嘗試加個螢幕架，當鍵盤跟滑鼠用畢就可以一起收進層架裡，螢幕架上也能暫放使用中的小文具，將常用文具用筆筒（或杯子）立起來，手錶、手機充電也可以整合在這裡，整個桌面看起來就清爽多了！

　　如果能力允許，可以考慮買質感好一點的物件，反而不會經常需要淘汰換新，也是另一種節省成本的方式，像我的桌機其實已經快 11 歲了還很好用呢！

#日本山崎・tower 桌上型螢幕置物架

　　螢幕架右方的是日本山崎的筆筒，我拿來放滑鼠、護唇膏和精油，都很合適也好拿取，鍵盤右方我是放 icolor 購入的小收納盒，用來放零錢或小雜物。

　　家庭帳單收在螢幕旁邊（L型夾），通常我只留2～3個月份，由於銀行都會有轉帳記錄，確定入帳後我就會處理掉了，不會保留過期帳單。

▌書桌抽屜櫃

書桌下方有個六層淺抽屜櫃（IKEA），當初會買這個櫃子是為了收納小孩的四開圖畫紙、畫畫班作品等，不過隨著孩子長大，圖畫紙的需求量不再那麼大了，也可以隨時做出調整。目前家庭事務物品佔四層，二層放圖畫紙。

有些人認為淺層抽屜櫃不好收納，其實不然，不管是淺層或深層抽屜，只要懂得利用它們的特性，各有各的好用之處。淺層抽屜的好處在於東西不會堆疊，一拉開抽屜就看得清清楚楚，什麼物品在哪裡都只要掃視一眼馬上辨識，不必東翻西找、記憶力大考驗。

・發票、印章、證件照區

　　為了避免發票爆量，改變收集紙本發票的習慣，多使用雲端發票、把紙本減量到最低才是根本之道。我使用無印良品的抽屜收納盒，再多加一片分隔板讓它變成三格，用來收集發票和信用卡簽單，每期兌獎和對帳之後就整批銷毀，汰舊換新。

· 充電線·行動電源·外接硬碟區

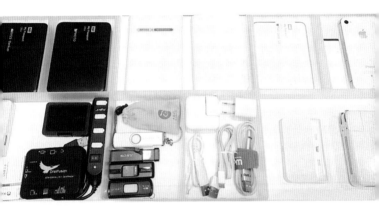

　　各式充電用品和外接硬碟、隨身碟等的收納區。
我們家習慣充電完就隨手收起來，不會讓插頭和電
線留在插座上。一字排開的收納方式，每個物品都
乖乖待在自己的位置不會相互干擾，好拿又好放。

・文具庫存區（釘書針・立可帶・筆芯等）

　　利用 IKEA 文具分隔盒區分出小空間，各式文具備品的庫存數量一目瞭然，這樣才能精準掌握補貨的時機（不得不精打細算啊！），避免備品遺失又不小心重複進貨的浪費。

· 標籤機區

　　我愛用的標籤機 brother QL-820NWB 體積實在不小，不適合經常性搬動，加上使用頻率很高，索性直接擺放在桌面層架上。這個層架其實是鍋子收納架（哈哈哈），但我覺得拿來分層放置 3C 也非常適合！

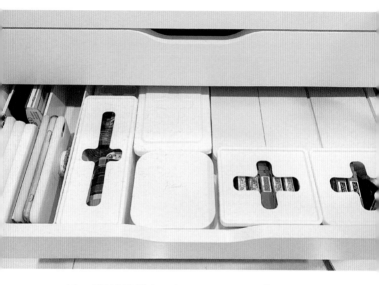

　　另一臺標籤機 brother PT-P300BT 的體積較小、機動性高，所以和標籤帶一起收納在抽屜內，標籤帶用收納盒輔助站立擺放，不只視覺整齊、各種顏色款式也很清楚，取用起來非常方便。

▌各式文件・通知單

　　各式紙本文件的收納整理，是每個家庭的常見困擾，只要善用資料夾及檔案盒，依照使用頻度、有效期限及類別來收納，不只整齊，日後隨時要查看時也很輕鬆。

・學校通知單

\# MUJI 無印良品
PP 軟質內頁透明資料夾
20 頁 A4

　　孩子們學校發放的資料及各式通知單很多，我習慣以 A4 資料夾來處理，一學期一本，放入考試通知、行事曆、學習資料、成績單等，翻閱次數頻繁的資料就放在最前面幾頁（特別是行事曆），方便隨時查看。

　　在每學期結束時會再稍微篩選一下，只保留重要或具留存價值的參考資料，一本一本累積下來就變成孩子的「學習歷程檔案」，之後要回溯查詢也很清楚迅速。

・個人文件（戶籍、合約、保險單、保固書）

家中有很多需要長期保存的重要文件，例如戶口名簿、合約書或保固書等，一開始也曾用 A4 資料夾收放，但是當它們越來越厚之後，實在看得不順眼，於是改成以無印良品立式檔案盒（全尺寸）來收納，搭配個別文件夾（日本購入）做成索引頁，立馬變整齊！我很少把不同文件整疊收在一起，因為不好翻閱，臨時要用時也容易找不到，只要費一點心思把索引頁做出來，一切都很清楚。

另外大家經常問到家電說明書收納該怎麼收？其實現在家電在設計上都很直覺，即使沒看說明書也會操作，因此出場率太低的說明書我不會特別保留。若真的遇到問題或故障，比起翻閱說明書，上網查詢或洽詢客服也是更有效率的做法。

・存摺

\# MUJI 無印良品・單面透明小物袋・白灰

　　讓我衝到無印良品門市大量搜刮這款小袋子，所為何事？其實，利用透明小物袋來分裝存摺非常便利！統一在袋子左上角貼上標籤可當成索引功能，使用時再也不必一本一本翻出來找名字，上銀行時也能在小物袋內預先放好所需的鈔票零錢或證件資料，不必再臨櫃手忙腳亂，不只好看也順手好用！

▌玩具、手工藝品

＃ MUJI 無印良品・聚丙烯手提文件包＃ MUJI 無印良品・PP 抽屜整理盒

　　我家女鵝們的一般玩具大多是用無印良品的 PP 化妝盒來收納，收在 IKEA 八格櫃中，定期汰換做總量控管。比較麻煩的是她們又很喜歡手作，那些兒童手作工具一組一組的不能通通丟進盒子裡，如果每次玩都要大海撈針換成她們會不開心，幸好我靈機一動，使用聚丙烯手提文件包＋抽屜整理盒，最上方的淺層還可放說明書，同一組物品都可以整合在一起，不只分門別類，視覺上又清新，實用美觀一次搞定！

　　孩子的作品應該怎麼收納？這也是很多家長頭痛的問題，我的做法是階段式汰換。不管是黏土或摺紙作品，孩子剛做完時一定很寶貝，所以會讓她們擺在桌上展示幾天、拍照留下最美的模樣，等到幾天後作品稍微變軟、變爛了，就請孩子改裝到小盒子裡（先讓東西消失在孩子視線內，他們就會慢慢遺忘）。再過一段時間，就可以詢問「東西好像快發霉了，請問可以回收掉了嗎？」此時孩子早就有

更多的新作品，對於舊作品也不再執著。因為收納
空間有限，不能只進不出，必須定期汰舊換新。

▌書櫃・行動書車

關於書的整理方式，若是依照屬性或類別來排序，想求美觀的話，可以搭配檔案盒＋標籤分類；如果希望書本在書架上直接露出來，建議打破類別或屬性，依照書的尺寸及顏色來分類，視覺上會比較整齊些。至於套書就自成一區。許多已經不再看、但是想要保存或收藏的書，還是建議使用檔案盒來收納，畢竟已經不再翻閱，也可避免生灰塵。

在我家，大人的閒書其實有興趣的就那幾個主題，大多是類似性質，所以依照尺寸和顏色來排列，工作上的專業工具書才會依照類別來排序。小朋友的書，我都還是書背朝外裸放，讓她們可以自己找尋。

在孩子還小的時候（學齡前），顧及衛生考量，童書都是以購買的為主，過了該年齡階段我就會定期出清掉。等孩子大一些、上小學之後，因為正在探索多元興趣，閱讀量非常大，暫時先以學校圖書館的借閱為主。

\# MUJI 無印良品・PP 文件盒 \# MUJI 無印良品・聚苯乙烯分隔板

　　正因為女鵝的藏書、借閱書的數量很多，汰舊換新的速度也快，家裡空間有限不能無限制擴建書櫃，於是我就發展出「行動書車」！（驕傲）

　　其實也沒有很難，就是無印良品聚丙烯檔案盒＋輪子而已，放入女鵝近期常看的書，讓女鵝可以四處移動它，走到哪看到哪！書本採直立式擺放，以

書背示人才能輕易找到需要的書，但是！如果抽掉其中幾本，箱子裡剩下的書就會骨牌式一直倒下來（尤其平裝書紙質不夠硬挺時，垂直擺放容易軟趴趴），遺傳到龜毛基因的女鵝一定會氣瘋……，免煩惱！只要架上分隔板就可以輕易解決，書本再也不會有亂倒問題。

順帶一提，我會要求孩子在一天結束、上樓睡覺之前，把書本、文具、玩具等所有東西收好、桌面淨空。聽起來很難嗎？其實她們從小就被教育內建「順手收好」的習慣，使用下一樣東西之前必須把上一樣東西收好，才能拿下個物品，例如寫作業，寫好這一本就先歸位，所以不會在手邊堆很多東西，睡前要收拾時也不必大費周章，頂多只是把目前手邊的東西歸位而已。

東西都收好之後，再用桌上型小掃帚把橡皮擦屑掃乾淨，因為她們的爸爸無法接受地板上有髒汙。

媽媽收納狂，爸爸有潔癖，想想女鵝們也不容易啊。

▍藥品櫃（大人區・小孩區）

我家的藥品收納分成大人區和小孩區。在儲藏室內牆上的藥櫃是大人區，只有大人可使用，小孩不可擅自任意拿取，常備感冒藥、止痛藥及繃帶等。

書櫃文具區的其中一格抽屜是小孩區。放置孩子日常會用到的額溫槍、棉花棒、精油等（我家習慣以精油取代大部分藥膏，四大基本款是薰衣草、茶樹、薄荷、乳香），這些東西孩子們可自行拿取，操作難度和危險性也極低，是一種不要來吵媽媽的概念！（顯示為叉腰仰天長嘯）

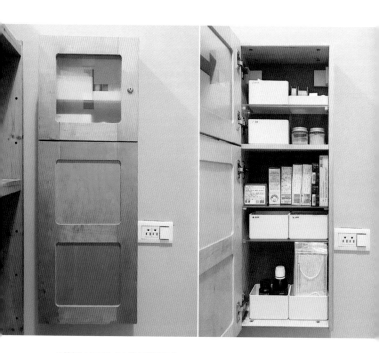

#藥櫃：IKEA（十幾年前購入）
MUJI 無印良品・ABS 小物收納盒

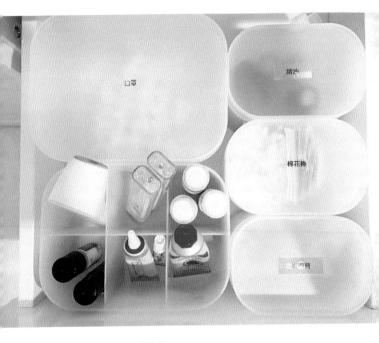

\# MUJI 無印良品・PP 彩妝盒

\# MUJI 無印良品・PP 棉棒盒

二寶媽碎碎念

護照、外幣、旅行錢包，該怎麼收納？

這些出國會用到的東西，平時我都統一放在 IKEA 收
納盒裡，收在更衣室（因為使用頻率不高，一年頂
多一到兩次）。小的無印良品 PP 化妝盒裝護照剛
剛好，為了容易辨識，護照背面貼了姓名標籤，不
然全家出遊一共四本，在海關手忙腳亂很容易拿錯。

外幣則是依照國別以透明夾鏈袋分類，不要混放在
一起，每次出國要找外幣都很快。如果有零錢，可
以用另一個小夾鏈袋裝好再跟鈔票放一起，但是我
們的零錢很少，在回國前都會盡量用完。

順便說，無印良品的灰色雙層小零錢包很好用，通
常我會把零錢跟小鈔、車票放前面網袋那層，信用
卡、大鈔放後面那層，錢包不會一次被看光光，是
一種財不露白的概念。黑色防盜包有防盜拷功能，
適合放現金、備用的信用卡，旅行時會藏在包包夾
層裡。

IKEA 收納盒 # MUJI 無印良品 PP 化妝盒
MUJI 無印良品 EVA 透明夾鏈袋

姓名貼：標籤機 Epson LW-500 搭配透明底金字標籤帶

Space
廁所‧浴室‧洗衣工作區

明明是清潔身心的療癒空間，卻瀰漫著「瘴癘之氣」?!

說到浴廁，最常聽到的困擾就是潮濕、發霉問題，還有各式各樣瓶瓶罐罐散落在洗手檯周邊或地板上，不只瓶身黏黏滑滑的導致細菌叢生，東一罐西一罐到處亂擺也使清理工作更加困難。時間久了東西越堆越多，不只是視覺上髒亂而已，還會散發出混合著濕氣、臭氣、霉味和沐浴用品香氣的複雜異味。

浴廁原本該是令人身心放鬆、好好打理自己的空間，許多人卻放任它變成瀰漫著瘴癘之氣、不想讓人多做停留的髒汙場所，實在可惜。

二寶媽的收納眉角

一般家中的浴廁空間沒有很大，如何擺設對動線的影響不大，**在規劃收納上首要把握二大原則：物品離地、保持乾燥。**

　　必須想辦法讓物品離地、離開洗手檯，東西才不會被弄濕、積灰塵、孳生細菌，收納上也要達到真正的乾濕分離。如果隨手把東西擱在地上和洗手檯邊，要清潔地面或檯面時很不方便，只要一不方便人就會懶，陷入髒亂的惡性循環。

　　我家的浴廁空間只有垃圾桶、馬桶刷直接放在地上，其餘物品都盡量收納在櫃子內。即使是使用中的清潔用品，我也是收在浴櫃或架子上，因為我們並不會那麼勤勞天天打掃啊！頂多一週或兩週才會派上用場一次，頻率並沒有高到得直接放在馬桶旁邊不可。

　　地面和檯面盡量保持淨空，其實就是保持乾燥的第一步。如果有弄濕的地方，也可以隨手擦乾，不必移開瓶瓶罐罐才能動作，而且空間內沒有多餘的物品東遮西擋，通風自然良好，不會有陰暗潮濕的發霉角落。

右頁照片是我家的一樓廁所。在馬桶上的置物架，其實它的前世是洗衣機層板置物架，是的！我把它搬到廁所來了，因為廁所只有一組浴櫃，置物空間稍嫌不足，出場頻率最高的清潔三寶（小蘇打粉、過碳酸鈉、食用級檸檬酸）沒地方放，發現架在馬桶上最剛好。這裡也可以放置常用的清潔用品、女孩兒的生理用品，連備用的擦手巾、庫存的衛生紙都可以一起來。

一般馬桶刷總有無法刷到的小角落，我會搭配小刷子一起使用。那些小刷子的外型細小，不好和馬桶刷一起收放，我就用透明無痕掛勾將小刷子掛在馬桶內側較隱密看不到的地方，不妨礙美觀，保持乾燥又順手好拿。

浴廁區域的順手感收納配置

▌廁所收納

這組置物架質感厚實，接合處平整、支撐腳有結構加強，特殊設計直接穩定靠在牆上不會打滑傾倒。若擔心地震或小孩搞怪的話，也有螺絲孔可以固定在牆面上。

＃日本山崎‧tower 加高型層板置物架

滑軌式儲物籃可是我盼了好久的商品，解決了櫃子深處不容易取物的缺點。幾年前臺灣市面上幾乎沒有這類商品，直到近兩年各收納品牌才推出相關新品。這款儲物籃滑軌好拉不卡，也方便在各空間變化應用，就當成活動式抽屜來使用。

#廚房滑軌式收納儲物籃（雙層架）‧購於韓國
 # MUJI 無印良品
聚丙烯檔案盒

我家廁所的洗手檯刻意設計成偏右擺放，完整空出左方檯面空間，在使用上更具彈性。至於浴櫃收納的原則，主要以功能和屬性做大分類，若有餘力再依照特性和形狀去安排細項，例如「排水」、「抗菌」、「驅蟲」、「除霉」、「備品」等類別。

由於一樓廁所並不是主要的盥洗空間，沒有洗髮精、牙膏等用品，這裡主要收納清潔用品的存貨和工具。小小清潔刷是淘汰下來的牙刷（用來刷水龍頭或排水口等隙縫死角），以自製標籤貼在用完的果醬瓶上，看起來就精美許多。上方鏡櫃內則是香氛蠟燭、擴香跟卸妝棉的備貨，牙線棒盒子依然要自己做標籤貼上（是有多堅持），看著看著，又覺得自己來到百貨專櫃。

　　右頁照片是我家二樓浴室的洗手檯。當初規劃房屋格局時,特地把洗手檯空間獨立設置在浴室之外,免去每天早上家人要搶廁所、搶洗手檯的互看不順眼。上有鏡櫃、下有浴櫃,所有哩哩扣扣的東西和備品都收進去了,只留下每天必用物品在檯面上和浴室內。

　　因為下方櫃體內有排水管,我是選擇廚下用的伸縮式收納架,層板高度可以調整,組裝式的隔板可以自由調整位置、避開排水管,最大化利用空間。按照物品的屬性來分類,以分類盒收納起來(使用檔案盒也可以),可以輕易拉出來取用,不會有櫃子深處變成黑洞的問題。

浴室門外的獨立洗手檯空間。上方鏡櫃是 IKEA 的密集板材質、洗臉檯是松木、下方浴櫃是杉木實木，至今服役 11 年依然身強體壯。

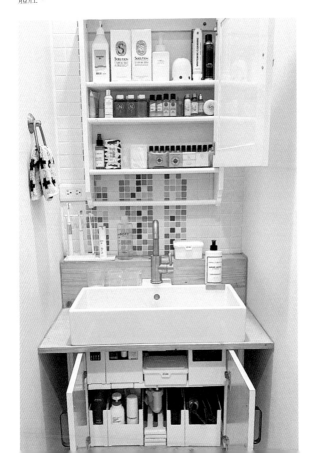

這裡是主要盥洗空間，沐浴衛生的相關備品都收在這裡，以拉取式收納盒來分裝物品，不只方便取用，備品數量也很清楚。在網拍賣場上搜尋「多功能儲物盒」或「抽屜分隔儲物盒」，有很多相似產品可挑選。

#廚下用伸縮式收納架

我家浴缸是透明的，以砌磚泥作，再鑲嵌上安全雙面膠合玻璃，真的可以泡澡喔！因為空間不大，我們就站在浴缸裡沖澡，只要控制一下蓮蓬頭最佳角度，水倒也不怎麼潑濺出來，洗完澡還是能保持外頭木棧板的乾燥。

木棧板其實是截水區，另一方面也作為空間上的區隔。它由四片組合起來，容易拆洗，底下也有排水孔，萬一浴缸的水流出來，也能從木棧板底下快速排掉而不積水，大概一到兩週拆洗清潔一次，至今沒有發霉問題。

　　當初為了弄好家裡三間浴廁實在工程浩大，先是退掉建商的料、請設計師畫圖（當時還沒有 3D 模擬圖，只有平面圖和剖面圖），再自己到建材行買瓷磚、請泥作師傅施工，包含砌浴缸、不同區域的地板泥作高度差、瓷磚花色設計……，非常複雜，只好自己盯緊一點，就連門片也是自己跑建材行訂製（原本建商配的制式門板實在無法接受），回頭想想當時真是無二寶一身輕啊！

　　我知道，大家一定盯著牆面的瓷磚縫（5cm x5cm 的馬賽克磚牆），懷疑為什麼經過十多年還這麼乾淨？（當初我決定使用白色填縫劑還被嘲諷反正很快就髒了……）其實我們每天洗完澡都會擦乾牆面，偶爾順手小範圍刷一下容易堆積髒汙的角落，沒有什麼特殊或慎重的保養，保持乾燥就是上上策。

▋家事工作區（洗衣準備區）

小時候，光是洗個衣服就要拿著重重的洗衣籃和水桶上上下下（在二樓洗澡、髒衣物拿到一樓丟洗衣機，洗完要拿到二樓陽臺或頂樓晾曬），原本就不輕鬆的家事變得更繁重痛苦，打從心底覺得良好動線和家事空間非常重要。

明明家務工作是維持美好日常的主軸，但是在居家格局規劃時，大家卻經常忽略要保留一個位置給家事活動，作為處理家務及收納工具的專屬空間，通常頂多就只是某個牆角空位，或是把工具堆在陽臺生灰塵。

所以，我家特別規劃出一個家事空間，它就位於浴室及後陽臺（洗衣機＋晾衣處）入口之間。下頁圖中左邊窗戶內就是浴室、右邊的門則通往陽臺，在窗戶下方放一個洗衣籃，剛好可承接洗澡時脫下的髒衣物，洗衣工具主要都收納在這邊（最順手），

就在這裡把衣服分類、分裝洗衣袋，再帶著洗衣精
到陽臺放入洗衣機。短短的一公尺之內，把洗澡脫
衣、洗衣準備工作、丟入洗衣機的三階段動作一氣
呵成地連結在一起。

　　這個櫃子最上方收納一些過季或暫放的物品；櫃子內第一層是不常用的熨斗（最常用的掛燙機放在房間內）、暫存淘汰下來要當抹布的毛巾；第二、三層是備用衣架、曬衣夾、洗衣袋，最下層的是洗衣粉和洗衣精。

　　第四層是吸塵器區，主要放置德國 Miele 吸塵器的本體、濾網、吸頭、除塵紙等，吸塵器長管收在櫃子外側的長型空間（對，就是每次用完就分屍的概念，這臺機器的使用頻率不高），另一側則是收納著除塵拖把。

　　許多外型不規則的打掃工具，在收納上令人頭痛也最容易顯得凌亂。其實這個木作櫃充滿了設計師的巧思，它沒有貼牆做滿，而是四邊（上下左右）都刻意留白空出來，就是為了預留空間來收納打掃工具或特殊尺寸的物品。說到這裡，忍不住要誇一下我的設計師，明明是個男人，但許多家事細節都照顧到了！

二寶媽碎碎念

居家必備的清潔三寶

我愛用的清潔三寶（小蘇打粉、過碳酸鈉、檸檬酸），可說是每個家庭必備的強力清潔品！它們本身都是無臭無味，不會嗆鼻難受，平時保持乾燥粉末狀態，使用時再以清水調和即可，效果卓越，推薦給各位胎胎們。

・**小蘇打粉**：去汙垢、消臭去味

塑膠容器裝過蔥蒜之後很容易卡味道，只要用小蘇打粉加溫熱水泡一個晚上，味道都消失了。鍋子燒焦時，像是敷面膜一樣，用小蘇打粉加熱水厚厚濕敷一層，靜置一晚隔天沖洗掉即可。

・**過碳酸鈉**：去深層汙垢、去霉斑、漂白

衣服沾到蛋白質產生色斑、變色不好清理時，就以過碳酸鈉加水來浸泡漂白。洗循環扇時，我尢就是土法煉鋼洗洗刷刷滿頭大汗，我的做法是打一桶水，加入過碳酸鈉和熱水，浸泡約兩個小時，打開蓮蓬頭稍微沖一沖就乾淨如新！

• 檸檬酸（食用級）：去除水垢

去除水垢首推檸檬酸，可用來清潔保溫瓶、水壺、鍋具等。其實檸檬酸和醋的原理差不多，但是醋的酸臭味要很久才會散去，我個人偏好使用無味的檸檬酸。

我使用時的比例都抓得很隨意，網路上有許多使用教學和注意事項（例如哪些材質不適用、注意避免與其他市售清潔劑混用等），有興趣的人可以研究看看。這些化工的東西，如果在超市買、加上精美包裝，價格會差異很大，我習慣直接向化工行網購，一大包宅配到府便宜又方便。

#清潔三寶的罐子：MUJI 無印良品

〔專　欄〕

標籤機是收納狂的好閨蜜

二寶媽心裡話

不知道是哪來的靈感，其實我從小就莫名會用去光水把商品 LOGO 或外包裝圖案全部塗掉，因為實在看不慣物品上醜醜的 LOGO 或毫無質感的公版圖案。不僅如此，我還會去美術社買卡典西德紙，在物品上貼印自己喜歡的圖案或標示。現在回想起來，那不就是自製標籤嗎？原來變態標籤魂也是從小就內建好了！

身為標籤機之神……經病，家裡有兩臺標籤機也是很正常的。我目前使用的是 brother PT-P300BT 和 QL-820NWB。剛入門的話，建議可挑選 300BT 來嘗試，最大寬度是 12mm，可用來標示小物、書背，另一個重點是可以印燙印貼，用熨斗燙在孩子衣物上以防遺失。想要進階一點玩標籤的話，可以選擇 PT-P710BT，最大寬度是24mm，能夠做出的款式變化會稍微多一點。

820NWB 適合深度玩家或專業賣家，方便大量印製、貨架管理等，最大寬度是 62mm、長度不受限，我大部分用來標示保鮮盒、瓶瓶罐罐、收納盒（字很大，老

花眼適用）。我特別喜歡以具備個人風格的大面積
標籤來覆蓋物品，增加視覺上的一致性，做出系列
產品的感覺。標籤本身非常耐用，防水、不會糊掉
或脫落，用個好幾年都沒問題，看起來還是完整如
新。

搭配物品來製作標籤，營造出一系列的個人風格，也是製作標籤的樂趣之一。

製作標籤時，我追求簡單乾淨，注意「留白比例」，區分大小輕重、調整字距和行距，思考整體版面的配重。重點就是——不要做到滿版、不要所有的字都一樣大。如果字大到滿版，就算不是太複雜的花邊，也是不好看的。若真的不知道怎麼做，不妨先從參考或模仿開始，挑選幾個自己喜歡的品牌，研究它們標籤的做法。

標籤無所不在，任何地方都可以有它們的蹤跡！我會預先設定好幾個模板，大多是類似風格，每次製作標籤時，就拿模板出來修改，增加說明或微調版型尺寸等，日積月累之下，整體居家風格就會慢慢接近一致。標籤機最可惜的地方是沒辦法把模板檔案分享出去，不然就可以把我的版型分享出去給大家修改使用。一直有人叫我開班授課，會不會太誇張了啊！

　特別提醒，貼標籤的位置也要符合收納邏輯、方便察看才有意義。貼放位置必須配合「視線」做變化，以「使用者在拿取時的視線角度」來判斷貼標籤的最佳位置，千萬別不假思索地就統一貼在蓋子或某個面上，結果拿取還要先翻動才能看到標籤，這樣就是本末倒置，反而失去以貼標籤來提升收納效率的意義了。

　　女鵝們的加護靈除菌筆。這款防疫商品在媽媽界很火紅，其實我只是加上姓名貼和蝴蝶結，結果大家一直問我那是什麼神奇好物。每次一貼完標籤，大家就不認識它了，明明大家的家裡都有那個東西啊！

透明保鮮盒在冰過之後容易有水氣、看起來霧霧的，貼上標籤可以加速辨識。我這些盒子內常裝的食材都蠻固定的，將標籤貼在盒身側面，保鮮盒拉出來後就能一眼分辨，不必考驗眼力仔細端詳內容物。

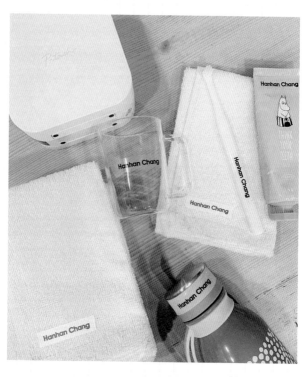

二寶爸：妳為什麼每個東西都要貼標籤？她又不認識字……

二寶媽：你覺得噗攏共會覺得自己的東西嗎？？？

那是給老師看的！

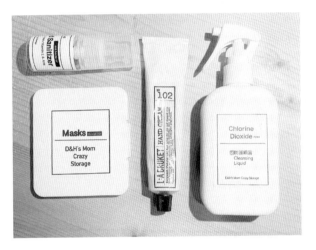

這不是無印風，這是二寶媽風。只要一機在手，不管物品原本長什麼樣，通通變成專屬於你的風格。

03

二寶媽選物

選對收納用品，事半功倍帶你上天堂

·瑞典 IKEA

大家都很熟悉的 IKEA，商品樣式多元、具備北歐設計質感，每年或每季都有新品推出，而且單價不高容易入手，在預算有限的情況下，是居家布置和收納規劃的好選擇，我們家在裝修時也使用了不少 IKEA 商品。

在挑選 IKEA 產品時，建議實際到門市走一趟看看實品，因為官網商品圖有時候會和實際上摸起來的質感有些落差，可能會和預想中的不一樣。另外，由於 IKEA 各式單品經常推陳出新，所以使用者無法長期追蹤某項產品的使用心得或是耐用度；也因為容易改版或絕版的關係，每批貨的尺寸、顏色、材質可能會有差異，這也是在選購時需要預先設想到的狀況。

・日本 MUJI 無印良品

不用我多說了吧！ MUJI 無印良品是日本收納界的經典品牌，品質穩定、清爽的日式簡約風格。不得不說，無印良品在產品設計上非常有想法，不同系列的商品之間在規格或組裝上能夠彼此相容，商品本身也預留一些巧思機關，方便日後進一步擴充。

即便是像我對於無印產品如此熟悉，有時候到門市逛逛時，看到貨架上陳列著各種相似的盒子時，還是會一陣暈、突然迷失方向不知道要買什麼。所以，我非常建議大家以「網購」方式來採購，首先是無印產品幾乎沒有圖片和實品落差的問題（有時候實品甚至比圖片好看）；更主要的原因是商品頁上都有明確標示尺寸及規格，我們在面對電腦螢幕時比較容易保持冷靜，可以專注在自己想要的尺寸去尋找目標物，也比較好去安排收納規劃。

無印良品的產品單價稍高（我都鎖定博客來或

momo 購物網的年度折扣檔期大補貨），最大的缺點是部分熱銷商品容易缺貨。另外，商品頁上雖然有個別產品圖，但是缺乏一系列產品的對照比較圖（看不出比例），這對於不熟悉無印產品的人而言是一個很大的門檻障礙，一開始需要多費心思去了解。

・韓國 silicook

　　很開心看到韓國 silicook 收納式保鮮盒組最近在收納界越來越火紅，因為它真的很好用！ silicook 保鮮盒在設計上已融入收納概念，以抽屜式設計來直立收納保鮮盒，不管是放入或取出，都非常方便，拉開就一目瞭然，幫助你建立起全面系統化的冰箱食材管理。完美避免保鮮盒上下堆疊、放在冰箱深處被遺忘的問題。

　　silicook 保鮮盒的外型和體積也有相應一系列的尺寸比例規劃，如同積木一樣方便組裝，不會有大大小小、盒子之間難以相容的問題。另外，這些看起來扁扁小小的盒子，其實收納能力遠比想像中的還大許多，不管是乾貨、備料，熟食或生鮮食材都能夠收得漂漂亮亮，相當節省冰箱空間。

· YAMAZAKI 日本山崎生活美學

日本山崎的品質非常穩定，產品可說是沒有地雷，質感極佳，各式細節和邊邊角角的收邊也都處理得很好，每次收到實品時都會非常驚喜。

鐵件厚實、烤漆漂亮、經久耐用，正常使用下不需要顧慮變形或生鏽的問題。設計上有許多日式獨特的巧思，不過，如果是不熟悉此日式收納的人，有時光看產品圖會無法想像該怎麼使用，建議可以多參考網路上的使用心得或示範圖片，會比較有概念。唯一的缺點大概就是價格高昂了！不過一分錢一分貨啊。

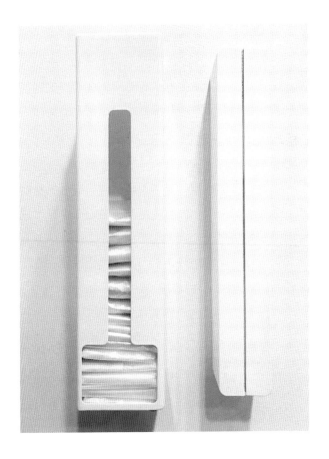

・美國 OXO

我很喜歡美國 OXO 的按壓式保鮮盒，單手就能開關，一按氣密，相當便利。有時候手邊剛好忙碌或是一隻手油膩髒汙，一般保鮮盒必須兩手並用才能打開，這種情況下就顯得不是那麼順手。

特別像是粉狀、液體狀、手忙腳亂需要快速取得的物品，如果裝在某些蓋子很緊的密封罐內，打開時難免手會抖一下，內容物易灑出來⋯⋯，原本已經夠忙了還得善後，讓人忍不住發火！推薦這款好拿又好倒的按壓式保鮮盒給跟我一樣容易發火的胎胎們。

・英國 Joseph Joseph

英國 Joseph Joseph 的廚房用品也很厲害，設計感強、實用性高，品質非常棒。智慧廚餘桶、檔案夾砧板組是他們家熱銷的經典商品，好收納、好清潔、不發霉，毋需我再多介紹。

在我的夢想清單之中，有一項就是「Joseph Joseph 聰明分類收納桶」，質感白色烤漆、鋼質桶身，還搭載防指紋霧面的不鏽鋼工藝、單指輕點開啟桶蓋……雖然很吸引人，但是那款 60 公升的垃圾桶就要一萬多元，真是垃圾桶界的精品，至今還下不了手啊。

• 韓國 iloom 怡倫家居

韓國 iloom 怡倫家居是我很喜歡的家居品牌，外觀的美型設計是基本要求，每件傢俱設計的角度、線條都是以使用者的需求為考量，從兒童到青少年，從客廳到寢室，每個空間 iloom 都提供了優質的產品設計，一定可以從中找到需要的家具，此外他在世界權威設計獎項如紅點、IDEA、JAPAN GOOD DESIGN 中一再得獎，並且使用 E0 木材製成，甲醛釋放量比 E1 低 5 倍，獲得世界級環保認證體系 Green Guard 認證為環保型產品，是讓人舒適又放心的品牌，每次經過專櫃，我都會不自覺被吸引進去。

iloom 最新開發的 DESKER 系列，除了全產品使用 E0 板材之外，絞鍊也不惜重資的使用義大利絞鍊之王 Salice(跟歐洲精品品牌 Armani casa 用的一樣)，收納櫃尺寸全部是系統性規劃，空間的整體風格可以很一致的呈現，而且櫃體都是美背設計，

完全沒有螺絲，正反面都可以見客，所以還能當成隔間櫃使用，設計上遵守嚴格國際品質標準，人體工學的設計適合長時間使用，我也規劃慢慢地以 DESKERS 的態度改造我的辦公室，繼續我追求夢想與目標的熱情。

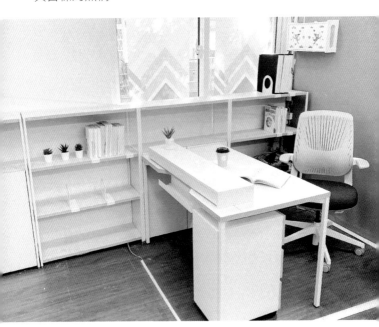

在地職人精神，淬煉美好生活

・魔術帽自家烘焙咖啡 Magic Hat Cafe

一間開在鄉下巷弄間的小咖啡店，由在奧地利留學 10 來年的闆娘經營著，闆娘是個充滿理想及堅持的女孩，為了在家鄉推廣精品咖啡文化，自家烘焙咖啡豆、開辦咖啡課程、平價販售高品質咖啡器材，只為了讓大家喝到真正高品質的好咖啡。

就連我家的日本職人級咖啡機也是請她幫我實測，幫我研發煮出好喝拿鐵的平民 SOP（超級感謝），更不用說，他們家的豆子超棒，拿鐵是我喝過最好喝的沒有之一！龜毛闆娘每每推出節日禮盒，更是追求質感及環保到了極致，從選料到設計每一處都不難發現她的用心，每年 12 月開箱的「魔術帽咖啡聖誕倒數日曆」總是讓人超級期待，是我每年年末必定犒賞自己的最佳禮物。

魔術帽自家烘焙咖啡

雲林縣北港鎮興隆街 56 號
0905-270122
www.facebook.com/magichatcafe

・明淳有機農場

位於花蓮的明淳有機農場，是花蓮十多前年投入有機耕作的第一批有機專業農場，目前農場主人已經是第三代，作物種類非常多樣化。他們有定期宅配服務，就是我固定買菜的管道，我家女鵝從小吃到大的有機蔬菜都是這裡買的啦！

明淳有機農場的理念是與土壤共生，按著時節一步步的栽種當季正旬的蔬菜，不僅沒有農藥殘留的疑慮，重點是他們嚴格挑選作物的品種（從種子的等級就開始篩選起）、不過度依賴資材防治病害、不超量使用有機肥料來讓土壤超肥，所以主人種出來的蔬菜就是比外面好吃，可以品嚐到高品質又最天然的鮮甜滋味。

明淳有機農場

花蓮縣吉安鄉福興一街 58 號
03-8522747
www.facebook.com/tu8191.chen

• Pure Olivia

　　我對 Pure Olivia 的書包只能用一見鍾情來形容，除了色系低調、外觀質感簡約，且沒有多餘的花紋及綴飾，收納的機能非常強大，品牌創辦人是個對於物品收納有強烈執著的人，憑藉著對於收納的熱情正視問題並設法解決問題，Pure Olivia 的書包真正符合小學生的需要，不是隨便分隔幾個夾層，而是反覆研究過小學生的作息、校園真實生活，不斷改良孕育而生。

　　Pure Olivia 的包款設計以簡約、時尚、輕量、耐重及搭配性為主軸，在設計的過程中，從包包的外觀、口袋、拉鍊，小至擺放的角度都極度受到重視，透過這樣的反覆思考與工序改良，一步一步的讓包包更實用、更貼近使用者的需求，不僅如此，創辦人更要求每個細節都能實用而美觀，這是一種堅持，也是她所崇尚的生活態度。

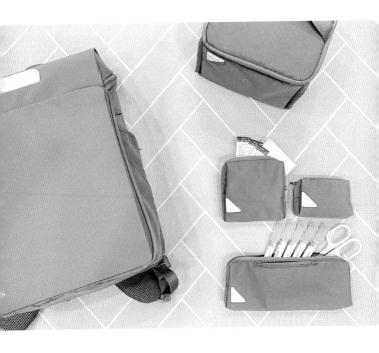

04

—

歡迎加入二寶媽的變態收納的世界！

媽媽的廚房‧縫紉桌

如果有所謂的理工腦跟文科腦，我想我媽媽一定是屬於「收納腦」。這是她的廚房日常，屬於今年71歲的收納狂阿嬤。

　我猜她可能算是臺灣收納界的先驅，記得小時候放假媽媽總會命令我整理房間，把東西都收拾整齊、灰塵擦去；她則在廚房備菜，或整理客廳，或把家具東挪西擺，完全體現「收納就是把東西調整成最適合自己的樣子」，只是我們家一直在滾動修正就是了。

　這位年過 70 歲的老胎胎，平常最愛逛的不是菜市場，是特力屋跟 IKEA（噢！還有百貨公司），她最常跟我討論的不是蔥一把多少錢，而是這地方用什麼收納盒比較好。只是她不若我變態龜毛，盒子大小不一尚可接受，色系沒有非常一致也無妨，不過她隨時可以拿紙盒來剪剪貼貼，改裝成最妥適的大小放在她需要的地方。

　她的廚房已經使用超過 30 個年頭，沒有重新裝修過，雖然對於造型與色系不是非常講究，但是分門別類收納，早已勝過許多年輕人。

　　牆上的玻璃淺櫃是她請木工來製作的，它前世是一個窗戶，今生成為一只玻璃櫃，做工不是非常精美，可功能性超強！玻璃門板讓視線穿透一目了然，層板可以上下調整高度，放置茶杯、玻璃壺、泡麵碗都沒問題。

物件的擺放也完全合乎動線安排，茶杯櫃底下就是熱水瓶和冷水壺，拉開抽屜就是沖泡式的飲品包，整個流程行雲流水一氣呵成。此外，雜物以統一的收納盒放置增加視覺舒適，調味料放置烹調區隨手可得處且不佔檯面空間。

常用餐具以三層小抽屜分類以便取用，鍋具等調理工具直接掛牆、盤子直立式收納不堆疊，抽屜內以小盒子區隔空間避免互相混淆雜亂、洗碗精懸空吊掛在流理臺牆面以保持乾燥……，每一處風景都強烈展現出老胎胎的高度收納 sense。

如果老胎胎界需要一盞收納明燈，那應該就是我媽媽吧！

—— 隨手偷拍之記錄於 2020 母親節前。

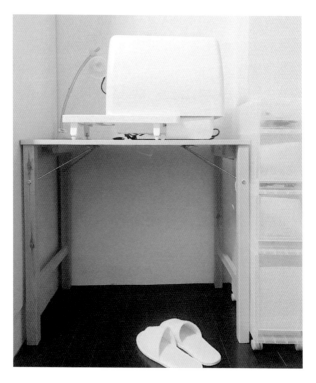

\#縫紉機桌：MUJI 無印良品・可折疊松木桌

\# MUJI 無印良品・PP 附輪收納箱

同場加映我媽媽的縫紉桌。

細想起來，有很多收納觀念都是媽媽從小就傳遞給我的，老家裡的電視櫃、書櫃，都是媽媽當年特別訂製還是全白色系的；以前她還會拿厚月曆紙來包書，變成白色書套，所以我小時候課本每一本都包得白白的，封面再以小字寫上科目名。以前的人總覺得白色太蒼涼，我媽媽的審美觀在那個年代算是走得很前端，我的白色控基因，搞不好就是這樣來的！

到現在她還是經常跟我討論哪個空間想要怎麼改造，即便是一棟住了大半輩子的老透天，她依然對居家配置及收納規劃充滿熱情，非常樂在其中。其實收納就是一種生活態度，一直存在於我們的日常中。

結語

沒有最好的整理方式，
只有最適合你的整理方式

收納之於我，不是工作、不是家事，是興趣、也是最棒的療癒！我真的很愛惡搞家裡各個角落，三不五時就要幫物品搬家移位、換個門面。住了十幾年的家，一點一滴終於慢慢調整成理想中的樣子。雖然沒有厲害的高級電器或精品家具，但是達到風格統一又順手好用的境界已經非常值得開心。

若是端詳書中或粉絲團上分享的圖片，或許有些細心的讀者會覺得奇怪：怎麼好像某個空間在不同時期長得不太一樣？這是因為家中的需求在不同時期出現變化，例如生活型態、採購品不同，或是某些新成員加入……，而我就是順應需求或喜好的轉變去做出調整罷了。收納並沒有所謂的正確與錯誤，未必以前就是比較差或是現在一定比較好。

　其實收納大原則很簡單，盡量直立、不要堆疊、找盒子裝起來，僅此而已。但是在實際動手時，由於經驗不夠，可能會在細節上不知道如何應變，一開始反應不過來、腦子不夠靈光、多走了一些冤枉路，都是很正常的狀況！別氣餒，我在書中分享的收納心法也不是一日速成，都是大量實作之後累積下來的心得，各位也是，自己親手實作的經驗才是最重要的珍寶。

　收納是根據需求不斷調整出最佳模式，既然人人需求不同，當然沒有什麼是一勞永逸的收納術，更沒有哪一種才是最好的整理方式，只有最適合你自己的整理方式。收納無法代勞或外包，因為每個人的順手感並不相同。還有，收納整理也不需要空出三天三夜才能開始，其實從手邊小地方做起就好，利用半小時空檔隨手整理一個小角落、檢視自己手邊的需要，只要是用得到的東西（無論是實際上或心靈上的意義），就是合理的存在！

　　從根本的使用習慣及動線規劃去解決空間亂源，記住「役物，不役於物」的原則，別因追求整齊帶給自己太大壓力，反而失去了享受生活的樂趣。收納不是一個教派或信條，它只是一種生活態度，目的在於利用收納來幫助生活變得更舒適。謹以本書分享身為二寶媽在收納途中的一些感想，願大家都能找到那一份屬於自己的恬適自在。

DESKER®

熱情·態度·夢想起飛

從過去到現在甚至是未來，因為夢想我們擁有自己的生活態度

點燃追求夢想的熱情就從朝夕相處的空間開始

用 DESKER 改變追求目標的姿勢

用態度當作夢想的起跑點

台灣怡倫家居股份有限公司
WWW.ILOOM.COM.TW/BRANDS/DESKER

PURE OLIVIA

Design & Selection

抽獎回函

請完整填寫讀者回函內容,並於 2021.3.26 前
(以郵戳為憑)寄回「時報出版社」,即可參加
抽獎,有機會獲得【brother 標籤機】乙台。
共抽出 6 名讀者,數量有限,請盡速填寫後寄出!

brother QL-820NWB 1 名　市價:**11,800** 元 / 台
at your side　PT-P300BT 5 名　市價:**3,990** 元 / 台

活動辦法:

1. 請沿虛線剪下本回函,填寫個人資料,並自行寄回時報出版
〈需貼郵票〉,將抽出 6 名讀者。

2. 抽獎結果將於 2021.4.9 於「二寶媽療癒系之變態收納」
Facebook 粉絲專頁公布得獎名單,並由專人通知得獎者。

3. 若於 2021.4.16 前出版社未能聯繫得獎者,視同放棄。

讀者資料

〈請務必完整填寫並可供辨識,以便通知活動得獎者相關訊息〉

姓名:　　　　　　　　　　□先生□小姐

年齡:

職業:

聯絡電話:(H)　　　　　　　(M)

地址:□□□

E-Mail:

注意事項:

1. 本回函不得影印使用

2. 時報出版保有活動變更之權利。

3. 本抽獎活動若有其他疑問,請洽 02-2306-6600#8240 謝小姐

4. 請自備信封袋或明信片投遞寄回。

《收納盒的 N+1 種整理術》

打破侷限！讓家中物品一目瞭然、好收
好維持的療癒收納術

作　　　　者	二寶媽療癒系之變態收納
主　　　編	蔡月薰
文 字 整 理	楊裴文
企　　　劃	謝儀方
美 術 設 計	犬良品牌設計
第五編輯部總監	梁芳春
董 事　長	趙政岷
出　版　者	時報文化出版企業股份 有限公司 108019 臺北市和平西路三段 240 號 7 樓
發 行 專 線	02-2306-6842
讀者服務專線	0800-231-705、02-2304-7103
讀者服務傳真	02-2304-6858
郵　　　撥	1934-4724 時報文化出版公司
信　　　箱	10899 臺北華江橋郵局第 99 信箱
時 報 悅 讀 網	www.readingtimes.com.tw
電子郵件信箱	books@readingtimes.com.tw
法 律 顧 問	理律法律事務所 陳長文律師 李念祖律師
印　　　刷	和楹印刷有限公司
初 版 一 刷	2021 年 01 月 16 日
初 版 二 刷	2021 年 02 月 01 日
定　　　價	新臺幣 360 元

收納盒的 N+1 種整理術：打破侷限！讓家中物品一
目瞭然、好收、好維持的療癒收納術 / 二寶媽療癒
系之變態收納作. -- 初版. -- 臺北市：時報文化出版
企業股份有限公司, 2021.01

　面；　公分
ISBN 978-957-13-8435-1 (平裝)

1. 家政 2. 家庭佈置

420　　　　　　　　　　　　　　　109016873

時報文化出版公司成立於 1975 年，並於 1999 年股
票上櫃公開發行，於 2008 年脫離中時集團非屬旺
中，以「尊重智慧與創意的文化事業」為信念。